王计平　王源

山西出版传媒集团

山西人民出版社

编委会

主编单位：非遗大师工作室

主　　编：王计平　王　源

编委主任：张太义

编　　委：王宽勇　武学忠　岳爱明　罗剑华　许　莉
　　　　　罗德海　王　秀　史婷婷　常永利　许　静

装帧设计：陈泽锋　赵志慧

前　言

　　《中国清徐葡萄文化史》是在整理和研究清徐葡萄文化博物馆收藏的有关清徐葡萄的历史资料基础上撰写的，书中讲述了从仰韶文化时期至今的时代变迁中清徐葡萄延续传承的历程，记述冰河时期后葡萄属在中国山西的分布，从仰韶文化时期起葡萄在清徐西边山的生存，研究清徐原产葡萄品种生物密码的传承，研究中国葡萄、葡萄酒的历史文化价值。

　　据考证，汉代太原人常惠随苏武出使西域，曾给老家清徐带回葡萄种苗，增加了清徐的葡萄品种。三国曹魏时期清徐葡萄酒始为贡酒，一直沿续。唐时清徐的煮炼葡萄酒、"货之四方"的葡萄干，得到当朝认同并载入史册。历朝诗人留下了相关诗词。粟特人虞弘、意大利人马可·波罗的记录中也记述了清徐葡萄的辉煌历史。清徐西边山的葡萄文化节、近代的葡萄种植故事等等，都反映出清徐葡萄的种植文化、历史文化、自然及人文景观文化。

　　本书收集了大量的跨学科、跨时代的有关葡萄、葡萄酒信息，再加上清徐葡萄在各个时代的历史信息，生动地反映出中国清徐葡萄的历史文化。

　　特别是中华人民共和国成立时，清徐葡萄酒被选为开国大典国宴用酒，乃至后来全国发展葡萄种植、葡萄酒生产，多来清徐采集葡萄苗木，更加体现出清徐葡萄的历史魅力和优良品质。古老的葡萄产区清徐，以一县之力，推广葡萄文化，自强不息，务实创新，继续谱写着葡乡的辉煌。

一、中国葡萄属的植物密码

自地球形成以来，冰河期曾出现过十一次，上一个冰河期称为"大冰河时代"，发生于距今 18000 年前，结束于 10000 年前，当时地球上约三分之一的陆地被覆盖在 240 米厚的冰层下，冰河时期，温度下降，改变了地球表面的植物和生物的生存环境，许多生物因此面临灭亡或被迫迁移，只有能够适应环境的物种才能幸存下来。其中葡萄属就是那个时期保留生存下来的一种古老植物。

1957 年，苏联植物学者涅格鲁里著的教科书《葡萄栽培学》中记述，葡萄所有品种都属于葡萄属，葡萄属的各个种源都是一个祖先，冰河时期大陆分离后葡萄属就自然分离，葡萄属有 3 个组，欧洲组 1 个种，（由于当时欧洲气温太低。）美洲组 28 个种，亚洲组（东方品种组）40 个种以上。[①]涅格鲁里的《葡萄栽培学》是作者总结在葡萄栽培学方面多年来教学和科学研究工作成果的基础上，结合《苏联葡萄品种学》《亚美尼亚苏维埃社会主义共和国葡萄品种学》《格鲁吉亚苏维埃社会主义共和国葡萄品种学》及《北部葡萄栽培地区简明葡萄品种学》等文献史料编写而成。这本书是在米丘林学说的基础上编写的中等技术学校的课本，是当时我国中等农业学校的参考书。书中提到亚洲组（东方组）占世界葡萄属的三分之二以上。

贺普超教授在《葡萄学》中关于葡萄的起源与演化时阐述：葡萄是最古老的被子植物之一，在距今约 6500 万年新生代第三纪的化石中，找到了明确无误的葡萄属叶片和种子的化石。在冰川侵袭和长期不同生态条件的影响下形成了不同葡萄属种群。欧洲及中亚遭受冰川侵袭最重，少量葡

---

①涅格鲁里：《葡萄栽培学》，中国财政经济出版社，1957 年，34 页。

葡萄栽培分布地球仪示意图 清徐葡萄文化博物馆藏

萄幸免于难，保留 1 个种，东亚地区受冰川侵袭程度较轻，保存下来的属种较多，约 40 余种，其中绝大多数原产于中国，北美洲受冰川侵袭较轻，使北美种群保留下来近 30 个种[1]（发现 28 个种）。

中国是亚洲组的主要区域，其南北跨越温热两带，南北长 5500 公里，东西长 5200 公里，山河纵横、地形气候复杂，是世界葡萄属的主要起源地。我国古地质学家在山东省临朐县山旺村发掘的第三纪中新世出现的秋葡萄叶化石证明，约 4000 万年前我国已经出现葡萄属植物，葡萄属的植物密码在我国从远古延续传承下来。

2004 年出版的孔庆山主编的《中国葡萄志》记载：中国葡萄属这一植物 1981 年在我国发现 22 个种，到 1986 年增加至 42 个种，其中包括野生葡萄种与变种，山西发现有 5 个种，即少毛葡萄、山葡萄、桑叶葡萄、毛葡萄、蘡薁葡萄。[2]

《中国植物志》将生长在山西的少毛葡萄、山葡萄、桑叶葡萄、毛葡萄、蘡薁葡萄在第四十八卷第二分册中做了详细介绍。[3]

直到现在，在清徐西边山还有野生葡萄生长，其枝叶和贺普超教授编著的《中国葡萄属野生资源》中浙江蘡薁安林 -18 结果状图片中的枝叶基

①贺普超：《葡萄学》，中国农业出版社，2001 年。

②孔庆山：《中国葡萄志》，中国农业科学技术出版社，2004 年，23 页。

③中国科学院中国植物志编辑委员会：《中国植物志》，科学出版社，1999 年。

本一致，其果实是黑色，而清徐的果实是红色。①这足以说明清徐至今还有原产的葡萄属品种。葡萄属的野生品种虽经过上万年的遗传变异，但在清徐一直还保留着。

清徐西边山野生葡萄　王计平摄

宋代的《本草图经》记载："蔓生，苗叶似蘡薁而大。子有紫、白二色，又有似马乳者，又有圆者，皆以其形为名。又有无核者，七月、八月熟。子酿为酒及浆，别有法。谨按，蘡薁，是山葡萄，亦堪为酒。"②这是有关葡萄命名和葡萄酿酒较早的文献记载。

中国葡萄属的原产葡萄随着时间的推移逐步向适应生态、适应自然、适应人们的需求变异。在山西清徐也保留下适合自己的葡萄属原产品种，不论是汉代常惠引进的品种，还是近代引进的新品种，凡适合清徐地区生存环境的葡萄种就保留了下来，否则就被淘汰掉。

《中国葡萄志》中记述："葡萄属（学名：Vitis L.），由瑞典著名植物学家林奈于1753年定名建立。此后近200年间有关葡萄属的分类研究集中在欧美诸国进行，这期间我国发现的葡萄属植物也大多由国外学者命名和描述。直至20世纪初，我国才开始近代植物分类研究。"③

我们的祖先在很多年前就以很专业的技能种植葡萄，酿出葡萄酒，只

①贺普超：《中国葡萄属野生资源》，中国农业出版社，2012年，22页。
②吴其濬：《植物名实图考长编》，中华书局，2018年，814页。
③孔庆山：《中国葡萄志》，中国农业科学技术出版社，2004年，16页。

不过是研究和记载这些技术和文化的资料太少。我国葡萄种植、酿酒历史要早于或同于西方，林裕森编写的《葡萄酒全书》中记述：在欧洲人类采摘野生葡萄酿酒的历史可以追溯到史前时代，距今约6000年前，在黑海与里海的外高加索地区，约5000年前传到两河流域和埃及，约公元前2500年传入地中海及西欧。[①]

美国宾夕法尼亚大学考古学与人类学博物馆教授帕特里克·麦戈文在中国河南贾湖遗址发现，中国在9000年前就酿制果酒、葡萄酒。

二百年的葡萄树　武学忠摄

有史料可查，关于世界特种葡萄酒酿造记载时间分别是：中国的炼白葡萄酒为公元659年，西班牙雪利酒为公元711年，匈牙利贵腐酒为公元1650年，法国香槟酒为公元1687年，德国冰酒为公元1794年，加拿大冰酒为公元1973年。1911年法国开始有了关于葡萄酒的法规。

《中国葡萄志》中记述，近50年来，我国在葡萄种植的调查和研究取得了较大进展，由于我国葡萄属植物资源丰富，葡萄属植物的起源、分类、物种间进化关系等原因，同名异物、同物异名自然存在，需进一步调查研究。

所以，我们要做好清徐葡萄、葡萄酒的特色文化的研究，传承清徐葡萄种植和葡萄酒酿造的历史。

---

①林裕森：《葡萄酒全书》，中信出版社，2010年，2页。

二、新石器时代清徐西边山遗址

新石器时代早期有贾湖文化，中期有仰韶文化，后期有龙山文化。

仰韶文化指黄河中游地区一种重要的新石器时代陶器文化，时间大约在公元前 5000 年至公元前 3000 年（持续 2000 年左右），分布在黄河中游的甘肃省、陕西省、山西省、河南省。1921 年首次在河南省三门峡市渑池县仰韶村发现，按照考古惯例，陕西省、山西省、河南省将此称之为仰韶文化时期。其以渭河、汾河、洛河诸黄河支流汇集的关中、豫西、晋南为中心，我国现已发现仰韶文化时期遗址 5000 余处。在太原清徐发现 8 处仰韶文化时期遗址，收集到的陶具是以灰陶为主，彩陶较少。

仰韶文化时期处于新石器时代中期，仰韶文化时期到龙山文化时期是人类开始进入农耕文明的时期，人类开始制造陶器、纺线织布、建简单的泥草房，由母系社会向父系社会转变，生产工具以磨制石器为主，烧制各种陶制水器、酒器。第三次全国文物普查后，清徐县编写的《清徐新发现》中记载：在清徐西边山地区发现新石器时代中晚期仰韶文化时期遗址和龙山文化时期遗址 8 处，申家山遗址、武家坡遗址、都沟遗址、仁义村磨盘地遗址、仁义村深崖沟遗址、西迎南风遗址、平泉石棱顶遗址、大峪遗址。这些遗址中的发现以灰陶为主，也有红陶、黑沙陶，器表纹饰有绳纹、蓝纹、堆纹，在都沟遗址发现土鼓和极为少见的蓝彩。[1]

常一民（曾任太原市文物考古研究所副所长）编写的《先秦太原研究》中讲："都沟遗址出土的陶器大部分是夹砂灰陶和泥质灰陶，也有少量的泥质褐陶及夹心陶；纹饰以绳纹、蓝纹为主，也有剔刺纹、划纹，附加堆纹、旋纹等，从器型上看有罐、盆、钵及少量的异型陶器。""……仅有一件

---

[1]车建华、张强：《清徐新发现》，中共清徐县委，清徐县人民政府。

清徐西边山仰韶文化时期葡萄做酒图 清徐葡萄文化博物馆藏

斝的残足，器形较原始。"①

《三晋考古》第三辑中记载："都沟新石器遗址是晋中地区从仰韶文化向龙山文化过渡的重要环节，它的发现对古代文明起源研究将有一定的作用。"②在新发现的8处遗址中，有6处在西边山的葡萄架下面或葡萄地边，其中都沟遗址、大峪遗址、西迎南风遗址、平泉石棱顶遗址、仁义村磨盘地遗址、仁义村深崖沟遗址，都在西边山葡萄架下或葡萄架边，收集到的陶器酒具与清徐葡萄种植息息相关，可以说明当时清徐西边山一带就有人类生活繁衍，从事与葡萄有关的活动。

常一民编写的《先秦太原研究》中记载："清徐县沿西山边麓不到16公里的范围内，就分布着8处新石器遗址，占到现在村庄数的一半，多数遗址甚至和现有村庄相重合，如果考虑到一些遗址遭受破坏的情况，数量应该更多。由此可见，距今五六千年的仰韶文化时，在晋中盆地分布着大小不一的众多聚落。这些聚落有的很分散，有的相对集中。聚落中，有的面积很大，如清徐县马峪遗址面积达23万平方米，有的面积较小，仅数千平方米。"③

---

① 常一民：《先秦太原研究》，三晋出版社，2019年，61页。
② 石金鸣：《三晋考古第三辑》，山西人民出版社 2006年，15页。
③ 常一民：《先秦太原研究》，三晋出版社，2019年，51页。

三、仰韶文化时期清徐西边山斝与罐

陶斝 清徐葡萄文化博物馆藏

《清徐新发现》对仁义深崖沟遗址作了记载："仁义深崖沟遗址位于清徐县马峪乡仁义村东北，河边二级台地上，遗址南面紧邻仁义村，北至国防公路，西到白石沟，东至二级台地边缘，南北宽现存 93 米，东西长现存 162 米，分布面积约 15000 平方米，中部有一冲沟，将遗址分为东西两部分，地表上分布陶片。其中发现极少量仰韶时代晚期陶片，有表面磨光的泥质红陶以及夹砂灰陶、斝；大量发现龙山时代早期陶片、可辨器型有陶斝、陶罐等，为灰陶，陶质有泥质和夹砂两种，戳印圆点纹，附加堆纹等，部分陶片有鋬耳。"①书中所述的深崖沟遗址处于当时仁义村白龙庙生产队。在农业社时，本队李姓社员在遗址中的葡萄地锄草时发现了一个破损的陶器，就把其捡回家中，放到院子窗台上，一直保存。直到清徐葡萄文化博物馆开始收购葡萄文化的实物资料时，他将这个陶器赠给了博物馆，最初大家认为其用处不大，与葡萄文化没关系。到后来随着对葡萄文化研究的深入，经文物专家指导取证，确定它是仰韶文化时期用于盛酒、温酒的器具斝。

清徐葡萄文化博物馆在收集葡萄文史资料同时，在当地还收集到陶鬲、陶觞、陶片等陶制实物，这些实物是对清徐西边山仰韶文化遗址的印证。

---

①车建华、张强：《清徐新发现》，中共清徐县委，清徐县人民政府。

仁义深崖沟遗址

引自《清徐新发现》仁义深崖沟遗址

仁义磨盘底遗址

从遗址中采集的部分夹红陶、灰陶陶片（新石器时代）

仁义磨盘地遗址

仁义磨盘地遗址位于马峪乡仁义村北，属旧石器时代晚文化，距今约17000年左右。采集有夹砂灰陶陶片、泥质红陶片、灰陶泥、泥质陶、夹砂灰陶等。石磨、石斧、石刀、陶片上有纹。

引自《清徐新发现》仁义磨盘地遗址

西迎南风遗址

引自《清徐新发现》西迎南风遗址

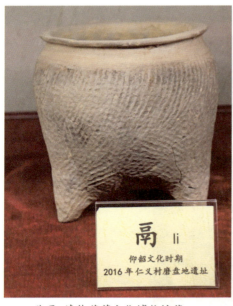

陶觞　清徐葡萄文化博物馆藏

陶鬲　清徐葡萄文化博物馆藏　　　　　碎陶片　清徐葡萄文化博物馆藏

　　直到现在，每年的七、八月份雨季时，在清徐仰韶文化遗址处还能收集到同陶罂、陶罐、绳纹相同的陶片。

清徐西边山野生葡萄　王计平摄

　　调查发现，在仁义村深崖沟遗址不远的地方，现在还生长着野生葡萄。在清徐县西南面的庞家沟自然保护区生长着乌头叶蛇葡萄、葎叶蛇葡萄。①

　　酿酒界公认，葡萄酒、果酒发现在先，粮食酒在后，结合葡萄属的相关书籍和清徐仰

①山西庞泉沟国家级自然保护区主编：《山西庞泉沟国家级自然保护区》，中国林业出版社，1999年，18页。

韶文化遗址实情，足以说明清徐在仰韶文化时期就有葡萄和葡萄酒了。

仰韶文化后的龙山文化时期，我国葡萄属植物有山葡萄、葛藟、刺葡萄、蘡薁等，《诗经》中记载："葛藟累之，绵绵葛藟，六月食郁及薁。"从《诗经》中反映出殷商时期人们已经采集食用各种野生葡萄了。

《左传》《汉书》《资治通鉴》等史籍对记载当时经济基础与社会经济变化的很少。《毛泽东评说中国历史》中写道："洋洋四千万言的'二十四史'写的差不多都是帝王将相，人民群众的生产情形、生活情形，大多是只字不提，有的写了些也是笼统的一笔带过，目的是谈如何加强统治的问题。"[1]

美国宾夕法尼亚大学考古学与人类学博物馆教授帕特里克·麦戈文与中国科技大学科技史与科技考古系张居中教授合作，从河南贾湖遗址的出土器物中采集了一些遗留物，化验分析后，认定中国在9000年以前就酿制米酒、葡萄酒等，同时将贾湖遗址经过碳14断代测定年代在公元前7000—5000年之间。[2]

美国宾夕法尼亚大学考古学与人类学博物馆教授帕特里克·麦戈文考察清徐葡萄酒公司并留言　清徐葡萄文化博物馆藏

①赵以武：《毛泽东评说中国历史》，人民出版社，2010年，9页。
②蓝万里：中美考古学家对河南贾湖遗址联合研究发现我国9000年前已开始酿制米酒，中国文物报，2004年。

在贾湖遗址通过采集浮选样品，鉴定分析共发现了110粒炭化葡萄籽，说明当时贾湖人以食用葡萄或酿葡萄酒了。[①]

麦戈文评价说，"我在化学成分上确认了中国是最早的酒精饮料的发现，非常兴奋，我一开始是研究中东地区的历史文化，曾认为中东地区是最早出现酒精饮料的地方，后来我到了中国，拿到了来自贾湖遗址的一些样品，这让酒精饮料的首次出现时间推到大约9000年前。"

清徐葡萄酒尽管在长期的演变中，在华夏始终未能成为主流，但以大量的遗址、文物和诗词为证，在中国绵延数千年的酒脉传承中，清徐葡萄酒留下了灿烂的足迹。

2015年10月12日，美国宾夕法尼亚大学考古学与人类学博物馆教授

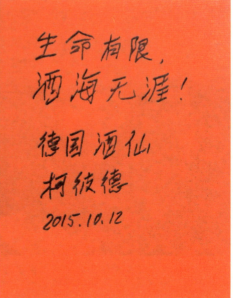

德国美因茨大学教授柯彼德考察清徐葡萄酒公司并留言 清徐葡萄文化博物馆藏

---

①赵志军、张居中：贾湖遗址2001年度浮选结果分析报告，《考古》2009年第8期。

帕特里克·麦戈文同德国美因茨大学教授柯彼德一行3人来到清徐寻找中国古老葡萄，考察清徐葡萄、葡萄酒历史，并留言："我在这里品尝到中国的古老葡萄，我寻找黑鸡心葡萄，干杯！"（因当时已经没有黑鸡心葡萄了）品尝了炼白葡萄酒后，柯彼德留言："生命有限，酒海无涯。"

黄河沿岸的银川、西安、太原、洛阳是新石器时代仰韶文化遗址考古区域。通过这些史料进一步证明清徐西边山在距今7000年前的仰韶文化时期就有人类在此生活，并种植栽培葡萄、酿制葡萄酒了。

四、清徐西边山春秋时期的陶器陶片

　　龙山文化是指新石器时代晚期的一种文化遗存，约存在于公元前2500年至公元前2000年之间。在这期间，清徐西边山人类活动痕迹频繁了，遗留下的实物也就更多了。清徐葡萄文化博物馆在当地收集到的陶匜、陶酒瓶、陶鼎、陶壶、陶豆，经文物专家仔细研究后发现，有三件文物上图案清晰，上面有山纹，中间有鱼纹，陶器平面光滑细腻，推断这三件陶酒器应该是夏朝时期的器具，其它的陶器陶片上面有粗绳纹、细绳纹、陶鋬耳，专家考证这些东西都是周朝时期所用的器具。

陶匜　陶鼎　清徐葡萄文化博物馆藏

陶壶　陶瓶　清徐葡萄文化博物馆藏

　　这些陶器陶片是在修公路时的葡萄地里发现的，同时在仁义村磨盘地遗址旁的吴家沟葡萄地里还发现了脱米用的石臼，在迎南风遗址发现了莲花纹石碾，磨盘地遗址收集到滴水令儿（上水道浇葡萄地专用），这些农业生产、生活用具都是夏商周时期的遗物。这些器物的发现说明清徐西边山葡萄产区自古就一直有人居住、耕种土地、种植葡萄。进一步证明，清徐西边山在仰韶文化时期以后就有人类居住繁衍耕作，延续生存，传承栽培葡萄，没有中断。

上水道石头滴水令儿　清徐葡萄文化博物馆藏

莲花纹石碾　清徐葡萄文化博物馆藏

石臼　清徐葡萄文化博物馆藏

　　在博物馆收集到的葡萄文化实物资料中，有在都沟遗址处收集到的一对灰陶细纹大酒坛，每个可装 30 斤葡萄酒，器型较大，细纹清晰，根据考古资料考证，是一对秦汉时期的陶坛，这也说明当时清徐葡萄种植面积逐步扩大，葡萄酒产量也在增加。

陶坛 清徐葡萄文化博物馆藏

在龙山文化时期，史书上也有葡萄种植记载。《周礼》中地官司徒记载："场人，掌国之场圃，而树之果蓏，枇杷之属。"[①]约 3000 年前的周朝，我国已有葡萄园，人们已知道如何贮藏葡萄，这里虽没有提到地域，但已记载了当时葡萄是皇室果园的珍异果品。

---

①张茹芸：《周礼》，漓江出版社，2022 年，102 页。

五、清徐原产葡萄品种

《左传》记载：鲁昭公二十八年（公元前 514 年）魏献子执掌政权，把祁氏的土田划分七个县，把羊舌的土田划分为三个县，魏献子之子魏戊做梗阳大夫。[1]从此梗阳县建立。梗阳县后又改梗阳邑、梗阳乡、梗阳城，隋开皇十六年（596 年）改清源县，一直由太原并州管辖。史前的县与邑差别不大，都是国郡下面的行政区域，或分封给诸侯的领地，小城镇。

史料记载和史书中文人墨客诗中赞美的太原葡萄就是清徐葡萄，太原葡萄酒就是清徐葡萄酒。

较早记载有关清徐本土葡萄的专业书籍是 1957 年出版的《山西清徐县的葡萄》，书中记载：清徐当时有 18 个葡萄品种，即龙眼葡萄、黑鸡心葡萄、瓶儿葡萄、驴奶葡萄、零旦葡萄、西营葡萄、夏白葡萄、脆葡萄、秋白葡萄、白玛瑙葡萄、黑玛瑙葡萄、红玛瑙葡萄、破黄葡萄、洋葡萄（3种）、香蕉葡萄、籽儿葡萄。[2]

《山西通志》中记载名特产品：清徐葡萄民国年间有 18 个品种，主要栽培品种为龙眼葡萄、黑鸡心葡萄，还有脆葡萄、瓶儿葡萄、驴奶葡萄、西营葡萄。[3]龙眼葡萄占旱地栽培面积的 80%，黑鸡心葡萄占水地栽培面积的 80% 以上。

1977 年,陕西省果树研究所和中国农林科学院果树试验站所编著的《葡萄品种》一书中记载：中国当时有 173 个葡萄品种，其中原产古老品种有9 种。[4]

---

①《左传》，岳麓书社，1988 年，356 页。

②崔致学：《山西清徐县的葡萄》，科学出版社，1957 年。

③山西省地方志编纂委员会编：《山西通志·农业志》，中华书局，1994 年，336 页。

④陕西省果树研究所、中国农林科学院果树试验站：《葡萄品种》,农业出版社,1977 年。

2004年，中国农业科学技术出版社出版的孔庆山主编的《中国葡萄志》一书记载：我国当时共有葡萄品种626种，其中中国原产古老品种有9种。①

综合上述四本书的内容，尽管书中葡萄名称不太一致，但葡萄图案一致，都讲明原产古老葡萄是9种。过去因学术交流有限，各地域的葡萄命名不一，同物异名，同名异物，叫法很多，根据葡萄的属性把这些葡萄名称统筹总结起来，清徐的原产古老葡萄品种有4种，这4种葡萄都属于东

龙眼葡萄 武学忠摄

瓶儿葡萄 武学忠摄

驴奶葡萄 武学忠摄

黑鸡心葡萄 武学忠摄

①孔庆山：《中国葡萄志》，中国农业科学技术出版社，2004年。

亚葡萄种群，且原产中国，即龙眼葡萄、黑鸡心葡萄、瓶儿葡萄、驴奶葡萄。

从自然发展规律来看，优胜劣汰，这 4 种葡萄从史前一直繁衍且保留下来，有它特殊的本性和很强的适应性，否则不会延续留存至今。葡萄本身水分大，营养高，成熟时销售时间不长，再加上过去交通不发达，从清源到太原两天一个来回，就是去较近的太谷、祁县、汾阳也得一天一趟，好马车最多也就是装 2000～3000 斤。因此葡萄除了鲜食以外，必须得通过加工才能延长销售时间。

原产葡萄品种的特性，龙眼葡萄可以用于鲜食、冬季贮藏、酿酒；黑鸡心葡萄可以用于鲜食、酿酒、熏制葡萄干；瓶儿葡萄、驴奶葡萄可以用于鲜食、熏制葡萄干（白葡萄干）[1]。清徐其它 14 个葡萄品种都是鲜食品种，数量较少，不具备加工的条件，因此发展留存的数量很少。只有能加工的葡萄品种，才能长期种植保留，一直延续传承。

同一葡萄品种之间的差异，由其不同生长地区的生态条件和环境所决定。比如黑鸡心葡萄在清徐西边山栽植，葡萄品质就很好，种到清徐的河东地区品质就差，在全国栽培也很少。

我国原产葡萄品种都属东方品种组（东亚组），占世界葡萄品种的三分之二。我国有葡萄属 40 余种，古时的学名与现在的不同，周代《诗经》叫"葛藟、蘡薁"等，《史记》叫"蒲陶"，《汉书》叫"蒲桃"，《后汉书》叫"蒲萄"，唐宋时叫"蒲萄"，元代叫"葡桃"，现在叫"葡萄"，都属于葡萄属，葡萄科目。葡萄一词是以音翻译过来的，希腊语 bactiu，粟特语 butao，波斯语 budawa，大宛语 budaw，"葡萄"这个音是从外引来的，葡萄植物在中国上古以前自然延存，后来张骞从西域将葡萄引到长安，常惠从西域将葡萄苗带回太原清徐，从而增加了国内葡萄品种，满足了人们的生活需求。

---

①王计平、王源、罗德海：《葡根酒脉》，山西经济出版社，2021 年。

六、汉使常惠为家乡带回葡萄苗

1957 年出版的《山西清徐县的葡萄》记载，当时清徐共有葡萄品种 18 种。通过研究考证，清徐葡萄品种原产 4 种，汉代汉使常惠从西域带回 14 种。

清徐地区的葡萄，人们一直认为是张骞出使西域引回的葡萄苗。随着来清徐葡萄文化博物馆参观的文化学者、葡萄种植专家的增多，调研和学术交流的机会也多起来，有人对张骞引回清徐葡萄苗提出过一些疑问。

史料记载，张骞引回的葡萄苗是在长安，不是太原清徐，近期新疆大学教授提出汉时带回葡萄苗的应该是汉使常惠。通过对《太原历史文献》[1]《汉书》[2]《资治通鉴》[3]阅读考证，得出清源葡萄是汉使常惠带回的这一结论，《太原府志》[4]、《太原古县志集全》[5]等地方志也证实了这个事实。

《汉书》记载，常惠是太原人（今山西太原西南人），他年少家贫，自奋应募，天汉元年（公元前 100 年）作为苏武的假使（临时的、代理的）出使匈奴，与苏武一同被匈奴扣押 19 年，苏武和常惠受尽人间之苦，但拒绝投降。公元前 81 年，匈奴内变，国力大衰，请求改善与汉朝关系，常惠密见第二批汉使，与其使计，雁足传书。昭帝时，常惠、苏武及其他随从一并回到汉朝，朝廷嘉奖他们忠诚劳苦，任命常惠为"光禄大夫"，苏武为"右曹典属国"，以示奖励。后来常惠指挥乌孙大军打败匈奴，汉宣帝深知常惠的忠诚，特封为"长罗侯"。

---

① 王继祖：《太原历史文献》，商务印书馆，2011 年，139 页。
② 班固：《汉书》，中华书局，2007 年，699 页。
③ 司马光：《资治通鉴》，线装书局，2011 年，177 页。
④ 关廷访：《太原府志》，山西人民印刷厂，1991 年，206 页。
⑤ 安捷：《太原古县志集全》，三晋出版社，2012 年，192 页。

常惠历事三朝，六使西域，是隐在苏武背后的外交家。一直辗转奔波于汉都长安和乌孙国之间。班固所作的《汉书》曾特别为他列传，他为汉朝与西域文化的交流做出了很大的贡献，他深谙兵法，有极高的外交能力，是活跃在汉武帝、汉昭帝、汉宣帝三朝的外交活动家，功绩卓著。

图书《常惠》 清徐葡萄文化博物馆藏

汉昭帝时封常惠为光禄大夫，汉宣帝封他为长罗侯、右将军，史称"明习外国事，勤劳数有功"。

常惠出使西域的国家与地区，其中乌孙国位于现在的新疆西北，哈萨克斯坦、吉尔吉斯斯坦的东中部，龟兹国辖境位于现在的新疆轮台、库车、沙雅、拜城、阿克苏、新和六县市。

常惠是汉使的典型代表，文能持节出使，武能统军杀敌。

常惠是汉宣帝时期经营西域国家战略最重要的执行者，打通汉代西域商贸道路，促使丝绸之路进一步畅通，他的目的是"了却君王天下事，赢得生前身后名"。是一生献身于边疆的西汉大臣。

《汉书》记载：公元前71年常惠总领乌孙部队攻匈奴战胜敌人后，天子再次派遣常惠带着黄金、锦绣等物品，到乌孙后将黄金和丝绸赏赐给乌孙有功贵人，乌孙大臣和将领拿出西域的各种土产让汉使品尝，用最好的特产葡萄等招待贵客，在品尝葡萄后，常惠感觉到西域乌孙的葡萄比老家太原的葡萄甜，口感也脆，于是，在秋冬回家时，他给太原老家顺便带回一些葡萄苗枝条，让家乡的葡农种植，老家的葡萄是野生延续下来的品种。雌雄异株，特别是黑鸡心葡萄，异花授粉，同西域带回的葡萄一起种植后，果粒增加，果穗增大，品质提高，常惠带回葡萄品种也使家乡的葡萄增加十几个品种,家乡百姓铭记汉臣常惠引回葡萄苗种,从此便有了"清源有葡萄相传自汉朝"的传语,直到 20 世纪 90 年代,清徐西边山的原产黑鸡心葡萄地中栽植有西域带回的零旦葡萄、破黄葡萄、夏白葡萄、洋葡萄、籽儿葡萄。

一位新疆史学家来清徐葡萄文化博物馆参观,对汉使常惠带回西域葡萄苗给予肯定,他说常惠是汉朝西域地区的外交家,新疆的历史名人,丝绸之路的使者,从西域带回清源葡萄的家乡人,史籍中对常惠的记载不多,但他从西域带回葡萄品种是不争的事实。在当地流传着常惠还愿带回葡萄的故事,也是一定的依据。

1990 年在甘肃敦煌发掘的悬泉置遗址发现了 23000 多枚汉简,其中有 18 枚简牍记载的是"长罗侯费用薄"。这是汉宣帝元康五年(公元前 61 年)长罗侯常惠及其随员 380 人组成的车马队在悬泉置留宿的记载。[1]

由于过去对葡萄方面的记载文献有限,研究这方面的资料也很少,使华夏葡萄历史记载产生一些断层,但清徐葡萄种植栽培一直延续没有中断,这也是清徐葡萄产区的一大特点。

附:常惠还愿

汉武帝时,卫青、霍去病大破匈奴之故事传遍民间,汉武帝刘彻这位第一个打败匈奴的皇帝也拥有了大汉朝至高无上的权力,匈奴虽败,但仍未灭,其依然是纵横西域霸主国,依然是大汉朝一劲敌,终于,汉武帝接受中郎将张骞之议,派张骞出使西域,目的是结好西域唯一不肯朝事匈奴的乌孙国。

就在张骞出使西域之际,太原附近的梗阳城中也发生着一件大事,梗阳城开有绸缎庄、骡马店、医药铺等多个店铺的刘鸿远久病在床的儿子刘

---

①胡平生、张德芳:《敦煌悬泉汉简释粹》,上海古籍出版社,2001 年,231 页。

孝仁成亲了，娶的是太原大常庄车把式常宝贵的独生女常玉娇。这天，梗阳城锣鼓喧天，八音齐奏，直闹到天快黑时，迎来了新娘的轿子，只是，迎新娘的马上却不是新郎刘孝仁，新郎的堂弟刘孝义作新郎打扮，怀里抱着一只公鸡。原来，新郎刘孝仁已经病得起不了床，这一场亲事实为冲喜，在悠扬的八音声中，新娘哭哭啼啼地与刘孝义抱着的公鸡行了合卺之礼，被强行送入洞房，疲惫不堪又喝多了酒的刘鸿远才放下了一颗悬着的心，由夫人扶着回上房休息去了。

谁料，半夜时分，新房里却传出了新娘的惊叫声，久病在床的儿子刘孝仁终于没做成新郎，在强忍泪水的常玉娇擦洗身子后不久一命呜呼了。刘鸿远听到新娘惊叫，一跃而起，飞一样闯进新房，堵住儿媳的嘴，示意家人不得声张，在全家静默的状态下，给刚咽气的儿子换上冥装，暂时停放在新房，便和夫人挽着新媳妇回了上房。

看着娇艳如花却又愁眉紧锁的儿媳妇，想着刚刚咽气的儿子，刘鸿远的心中久久不能平静。此时，夫人却说了一句话让刘鸿远十分憋气的话："偌大家业，无人承继，唉！"刘鸿远虽气恼，却也无可奈何："你说该怎么办？"

谁料，夫人却有了主意："趁人们还不知儿子死讯，如果儿媳有了，岂不是刘氏后人？"刘鸿远睁大眼睛："你是说……"夫人点头："为了刘氏香火，夫君受累了。"说着，上前按住儿媳妇，刘鸿远心头欲火也起，配合夫人动作，扑了过去。伤心欲绝又没有一丝防卫之心的儿媳妇欲要挣扎时，公公婆婆使劲摁住她，至刘鸿远力尽时，夫人才放开常玉娇。

常玉娇和公鸡拜堂，洞房中又死了丈夫，而在伤心欲绝之时又被公公强奸，一桩又一桩的打击，终使娇弱的常玉娇晕过去了。刘鸿远也累得睡了过去，夫人觉得大事已成，可省下讨小妾与己争宠的麻烦，也放心地睡了。谁料，偏偏在此时常玉娇醒了，摸索着穿上衣服，悄悄跑出了刘家大院。常玉娇出门辨了辨方向，出西门奔西山而去，身影逐渐消失在大山里。

四年后，张骞偕同乌孙使者数十人返抵长安，随后，被张骞派到大宛、康居、大夏等国的副使，也一起陆续来到长安，大汉王朝终于与西域各国建立了正常的政治经济联系，为表彰张骞沟通西域之功，张骞被封为博望侯。而西域的葡萄也于此时被张骞的团队带回了长安。此时，生在大常庄的常惠已经八岁了。

八岁的常惠聪明伶俐，又活泼好动，爬墙上树，欺猫斗狗，淘气极了。只是有一个特性十分明显，极喜好马，对小常庄出来的马车，那些辕马是什么颜色，出力时抬头还是低头，拉车是俏还是笨，分辨得清清楚楚。常惠虽喜欢马，而对常宝贵的那白马却只敢远远地看看，不敢到跟前玩耍。一日，同伴们问："宝贵爷爷的白马不好吗？"

常惠小眼一瞪："万中挑一的好马，怎么不好。"

"那你是不敢骑？"

"怎么不敢。"俗话说，请将不如激将，玩伴们一激，常惠的心思终于落到了常宝贵爷爷的白马身上。但这常宝贵爷爷真怪，要说他爱马，那是真爱，马鬃理得整整齐齐，身上洗得干干净净，他吃什么，总有马的一半。要说恨马，也是真恨，一到喝多了酒，嘴里骂着，鞭子抽着，不把马打趴下不罢手。小常惠观察到这个情况，心中不解，悄悄问妈妈，妈妈道："你常爷爷不是恨马，是恨他自己，为了爱马，亲自把最心爱的女儿送入火坑。"

"怎么回事？"小常惠隐隐约约还能记起那个俏丽又和气可亲的小姑。

"梗阳刘员外知你常爷爷爱马，不知从哪里弄到这匹白马，遇到你常爷爷时，便狠狠地打这匹马，你常爷爷看不过，便上前阻拦，不料刘员外越加抽打，终于，你常爷爷愿拿出全部积蓄买这匹马，这正好上了刘员外的当。原来，刘员外早已看上你小姑常玉娇，买马打马都是为引你常爷爷上钩。"

"常爷爷上当了。"

"刘员外是大财主，家境不错，你常爷爷又爱马心切，他终于同意将你小姑嫁给刘员外的儿子。"

"这也不算坏事呀。"常惠不解。

"唉，"谁料母亲唉了一声："天大的好事，转眼变成了塌天祸事。"母亲说："刘员外儿子常年病在床，娶你小姑冲喜，当夜新郎死了。新娘失踪了，你常爷爷到刘家讨说法，如不是他武艺高强，刘门无人能敌，活不活着都说不定。"

"后来怎么了？"

"在官家说合下，刘家的绸缎庄给了他。"母亲恨道："论理说，他有了绸缎庄，不愁吃穿了，车把式也不干了，就该全力寻找女儿，可你看，四年了，他除了白天喝酒打马，酒醒后抚摸马，什么也不干。"

"这是为什么？"常惠心头不解，不过，与母亲这一番闲聊，到使小常惠想到了接近常爷爷的主意。

这日，常宝贵正在门前喝酒，常惠忽然靠近常爷爷，在老头正要呵斥时，常惠却送上了一小碗肉："常爷爷，这是鸽子肉，你尝尝。"

"嗯。"常爷爷动作停住了："鸽子？哪来的鸽子？"

"我套住的。"常惠笑眯眯地答。

"你会套鸽子？"常爷爷不信。

"套鸽子。"常惠自傲："那是小事，全庄的马我都骑过，别说套一半个鸽子了。"

"吹。"常爷爷喝了口酒："那么大本事，没有被马摔死。"

"我妈说，"常惠这才说到正题："学会骑马，练好本事，骑马去寻小姑。是死是活，一定要有个下落。"

"这……这……"常爷爷动作停止了："他们是埋怨我……"几滴泪珠从这个略显苍老的壮汉眼中滚落。

"爷爷。"常惠慌了："你怎么了？"

常爷爷抹了把泪："孩子，有心了。"他看向西方："这几年，我隔几天便出去一趟，河西从汾阳到晋祠的几百个村庄我都走遍了，一点消息也没有。唉，也不知娇儿是死是活。"

"怎么是河西？"

"她是半夜出走，汾河渡没有船，她是过不了河的。"常爷爷看向西山："如没有藏在村里，只能是进山了。"

自此，小常惠终于成了常爷爷无话不谈的朋友，当然，也试着骑白马，只是控不住马，又骑不稳，经常被摔得鼻青脸肿。一日，常爷爷问他："你学骑马练本事，真的是为了寻找小姑。"

"寻找小姑是一事，若真练好武艺，我还想着像卫青、霍去病那样，纵横大漠，报效国家。"

"卫青？"常爷爷冷哼一声："他倒是官高位显，若论真本事，哪比得上飞将军李广，李将军才是一身本事。"

"飞将军李广？"常惠也听说过此人："弯弓射石的李广？"

常宝贵道："破匈奴的是卫青，那也是有霍去病旋风般的骑兵乱了冒顿单于的章法，这才让卫青抓住战机，而这一仗的代价却是舍了李老将军。"常宝贵似乎目中含泪。

"爷爷。"小常惠注意到爷爷的变化："你怎么什么都知道？"

"唉。"爷爷叹了口长气："我就是李将军弓弩队副队长。我这武艺，常得李将军点拨，可惜了这位武艺高强又忠心为国的老将军。"常宝贵怅望高空，思绪万千。

"你怎么在大常庄呢？"

"因腿部受了刀伤，瘸了，不适宜机动作战，退回来了。"

常惠大感兴趣："这么说，爷爷腿瘸了，功夫还在？"

"若功夫没了，我还能活到现在？"常爷爷怒目睁起："你小子究竟要干什么？"

"求爷爷收我为徒。"小常惠诚心诚意地跪下了。

从此，大常庄不见了淘气的小常惠的身影，那伙玩伴们发现，常宝贵爷爷在树荫下喝茶，手里握着鞭子，而小常惠却规规矩矩地坐马蹲裆式站在面前，一动也不动，玩伴们奇怪了，凑过去问常爷爷。

常爷爷呡了一口茶，悠悠地说道："他选了一条最苦的路。"

看到玩伴们不解，常爷爷似乎自言自语："与匈奴作战，必须有马上功夫，而骑兵最怕的是箭，要练好马上功夫，腰腿须有力，全身要柔软，而箭要射得准，有杀伤力，双臂至少要有五百斤力，要达到这些要求，桩功、柔功、先天气功从小便需练。"常爷爷指了指常惠："他这是桩功。"

"这要站多长时间？"

"从一刻开始，每日增加，到每天两个时辰。"伙伴们听得咋舌，悄悄地离去了。

开始，小常惠站完桩后，便找玩伴们玩去了，三个月后，常惠一天已站到两个时辰了。这天，玩伴们又蹲到常爷爷跟前："天天站这个玩意儿，这也叫练武啊。"

常爷爷从屋里端出一大盘梨，笑道："你们谁能摔倒常惠，爷爷赏你们一个梨。"那些自认为壮气的玩伴们高兴了，纷纷挑战常惠，却一个梨也没吃到，都没几下便被常惠摔倒了。众人不解，常惠也不明白，疑惑地看向爷爷。

常爷爷似乎是对众人说，又似乎是对常惠说："力气是气血，气血旺时，气力自然大，血生成后运行时，先达足下涌泉穴，站桩就是足下发力，涌泉之血加速运行，久而久之，全身血气通达，力气自然大了。"看常惠点头："从今日起，每日加半个时辰柔功。"玩伴们兴致勃勃地跟在常惠站桩后，常惠却开始每日压腿、下腰、劈叉。又过了三个月，常爷爷笑道："今日骑马试试？"

"我能骑马了？"常惠高兴极了，爬上白马，白马如飞奔驰，他稳稳地骑在马上，控着缰绳，行动自如。

"我会骑马了。"常惠高兴地大叫。

"会骑？"待常惠下了马，常爷爷瘸着腿一跃上马："差得远呢，你仔细看着。"说罢打马如飞，马上的常爷爷或左或右，或站或躺或倒立，轻巧地在马上翻滚，就像坐在马背上的一只大猿猴，看得常惠都傻了。待常爷爷跃下马时，才吼出一声"好"。

"你只是能骑马，练马术才开始。"即日起，常惠腿上绑上沙袋，那棵树也缠上草绳，练完功后，又加了一项踢树桩，就这样循序渐进，一年后，九岁的常惠也能在马上翻翻滚滚，自由自在地折腾了。一日，常惠刚刚下马，常爷爷从屋里拿出一张弓，让常惠试着开，常惠却怎么也开不了，于是，又一番苦练双臂力气。

一晃又是四年，苦练了四年的常惠纵马射箭技艺已成，所差者，唯力气而已。这日，常爷爷设香案，拜祭了李老将军后，对稚气未退的常惠道："看你有恒心，又肯吃苦，我今日就正式收你为徒，现将练气的法门及李将军护身刀法传于你，你自练两年，若两年后能胜得过我，你便出师了。"

两年后，十四岁的常惠已成壮小伙，与常爷爷比武，没有胜却也没有败，常爷爷笑道："从今日开始，你出师了，我也该办我的事了。"

常惠惊问："你要干什么？"

常爷爷笑道："李老将军的技艺我已传给了你，我即使见了老将军也有了交代了。但我此生最对不起的便是女儿玉娇，我必须找到她……"说罢，打马飞驰而去。

自常爷爷走后，常惠就住在常爷爷的小屋，饿了便回家就食，日夜练功，突然有一天，睡梦中被马蹄声惊醒，披衣出来看时，白马驮着浑身是血的常爷爷回来了，常惠惊问，常爷爷道："不小心……踏空，摔下山谷……"常惠急将他抱回屋中床上，常爷爷断断续续说了句："找到……玉娇……"便不动了。

埋葬了师傅，常惠备足干粮草料，正准备西行，忽然妈妈跑来："你舅母病了，家里忙不过来，想让你去帮忙。"

"我要遵师命去找小姑。"

"孩子。"母亲笑道："这正好，你舅是白石沟人，给白石沟张财主家当先生，你找小姑要进山，正好住到你舅父家。"

常惠一想，舅父是白石沟人，或许能打听到些消息。于是，渡过汾河直奔舅父家。几年不见，舅父李海元没料到常惠这么壮实，看到他骑着一匹白马，挎着腰刀，背着硬弓，便知这个外甥是练武之人，因自己有事托他，文质彬彬的李海元破天荒地杀了一只鸡，打了一壶酒，招待这个英武俊朗的外甥。

喝酒间，李海元试探性地问："你骑马背弓，可是怕荒废了武艺？"

几杯酒下肚的常惠毫无心机："遵常爷爷嘱咐，要跑遍西山，寻找小姑。"

"寻找小姑？"李海元眼睛发亮："你可认识你小姑？"

"有点印象。"常惠笑道："见了也只怕不认识，只不过，六年前跑进西山，只要年龄相仿，定能盘问出来。"常惠信心满满。

"好。"李海元相当高兴："饭后我带你去一个地方。"

"什么地方？"常惠问。

"喝酒，喝酒。"李海元举杯，将话题扯开了。

趁着月色，李海元领着外甥避开村人，悄悄来到离村不远的一道荒凉的小沟中，顺沟而上，又行两里许，隐隐听到有流水声，常惠忽一把将舅舅拽到草丛中，按住嘴巴，示意他不要出声。

"怎么了？"舅舅小声问。

"有人。"常惠目视有水声的地方。

"大哥，是大哥吗？"那里传出了一个女人的声音。

"娇妹，是我。"李海元站起应声，同时拉住常惠："这就是你要找的人。"

到了这女人的住处，常惠细看，是一个岩石洞，洞口遮挡着一个草帘，帘后十几根木棍绑成一个木门，虽不好看，但很结实。洞外泉水旁，似乎有三亩左右的田地，稀稀落落长着些庄稼，而这片地四周，又用栅栏围了起来，似是防止野兽侵害。常惠正看间，洞里传出个小女孩的声音："舅舅，我饿。"随着声音，跑出一个又瘦又小的小女孩，大约有十岁的样子。李海元一把抱起小女孩："小余余，亲舅舅一下。"

小女孩亲了李海元一下，李海元从怀中掏出小包一晃："你猜舅舅给你带来了什么？"

小女孩小手闪电似的抓住纸包："我闻见了，是肉。"说着，挣开怀抱下地，一溜烟地跑了。

"这是您的孩子？"常惠笑问。

"也算是吧。"常玉娇拢了拢头发："跟了我姓常。"说着，幽幽地叹了口气。

"小姑你也见到了。"李海元笑着问："今后有什么打算？"

"你为什么不见常爷爷？"常惠问出了心中的疑问。

常玉娇双目红了，眼中含着泪水，强忍着没掉下来："和公鸡拜堂，洞房死了丈夫，又怀了这么个东西，侥幸逃出虎口，如果是你，你会见他吗？"

常惠听得懵了，直到此时，常惠才想明白为什么妈妈说"他把最心爱的女儿送入火坑了。"常惠理了理思绪，强使自己冷静下来问："小姑，你知道常爷爷是怎么死的？"

"喝酒喝死的，骑马摔死的。"常玉娇恨念依然。

"他是骑马摔死的，但是摔死在山里，在无穷无尽找你的路上。"常惠觉得常爷爷虽然做了错事，但他爱女之心从来未变："他只剩最后一口气，只说了四个字，'找到玉娇'。"常惠的眼红了，他看到小姑的态度，也为常爷爷委屈。

"你不是常天兴大哥的儿子吗？我父亲怎么会交代你后事？"常玉娇提出了疑问。

"我是他的徒弟。"常惠心中不平："他教我功夫，只是因我要找到你。"

"唉。"常玉娇叹了口气："找到我又怎样？梗阳刘家会放手吗？"她来回踱步："自生自灭，你还是什么也不知道的好。"

常惠愣了愣，脑际一闪明白了："小姑，不要灰心，三十年河东，三十年河西，总能等到扬眉吐气的那一天。"

"惠儿说得对。"李海元适时接话："他学得常伯伯武艺，再苦练几年，投军杀敌，或可挣个一官半职，到那时，你们就可有冤抱冤，有仇报仇，重见天日了。"

自此，舅舅李海元就安排常惠在洞旁搭了一个简易住房，住在了沟里，晚上有常惠在，也不用李海元操心，李海元就放心地去张家私塾当先生去了。常惠好动，又有神骏异常的白马，跑马射箭，满山狂奔。一日，常玉娇拉住了白马对常惠说："大汉朝不缺武夫，却缺少文武双全的智勇之人。"

"你说什么？"一心只想练好功夫的常惠没有听懂。

"从今天开始。"常玉娇一本正经道："早上练武，白天认字，没有智谋只是个武夫。"

"认字？"常惠不明白："谁教我呀？"

"我先教你，然后跟你舅学。"常玉娇说出了她的计划："先打好基础，静待机缘。"

一年后，常惠长成了坚实的小伙子，马术、刀术、箭法都大有长进，而且在常玉娇的耐心指教下，不仅认识了几百个字，舅舅私塾的文章竟也随口能念不少，更可喜的是沟中这一片地已扩展为菜园、果林和粮食地，一年的收获不仅够三人吃用，还能补贴有四个孩子的舅舅家，除了日常功课和种地外，弓马娴熟的常惠不时打回些野兔、野鸡改善伙食，除了不见生人外，日子也过得悠闲自在。一日，飞马奔驰在白石沟的常惠用野兔换回了一篮葡萄，可把常小余高兴坏了，缠着哥哥要出沟去玩，常惠被缠不过，刚刚承应，便被小姑狠狠地训斥一顿。从此，常惠便再也不提出沟之事。不过，看着常小余妹妹委屈的表情，在此后一段时间，经常换回葡萄，而小余余虽不再提出山之事，却把葡萄籽留了下来，悄悄地种在庄稼地里了。

日月如梭，光阴易过，转眼冬去春来，看那庄稼地里却长出了几棵不认识的树苗，在李元海抽空送东西时，他们这才知晓小余余种下的葡萄籽出苗了。

这日，除了一日草的三人正熟睡间，一声马鸣惊了三人的觉，常惠出茅屋看时，白马后边还跟着一匹红马，马上趴着一人，似是已昏迷了。

常惠将这人抱进茅屋，常玉娇端了碗开水慢慢地喂此人。常惠这才细细观察，猜测此人身份。

枣红马虽已疲累，但精神仍在，虽没有白马的神骏，但蹄腿壮实，马脖上扬，一看就是久经沙场之马，而马鞍上横搭一把弯刀，常惠取下把玩一阵，心中早已认定此人是匈奴人，可不解的是马背上不见弓弩，却偏挎着一支长枪，常爷爷说过，匈奴人弯刀很厉害，却不善使刀枪。这人都晕过去了，枪却还在，究竟是什么人呢？

正想着，听得茅屋中小余余叫："哥哥，这人醒了。"常惠几步跨进屋子，怒视此人："你是什么人？"

此人凄然一笑："饿，我饿。"不用问，此人是饿晕了，不待常玉娇动，小余余早已递过个山药蛋，此人几口便吞了，常玉娇递过水笑道："山药蛋有的是，你慢慢吃。"

此人连吃了七八个山药蛋，才顾得上回话："我是匈奴人。"

"匈奴人？"心中早已猜中七八分的常惠依然吃了一惊："怎么跑这里来了？"

"和汉人开战，我们被打散了，我逃进山迷了路，东躲西藏，已经六天了。"此人心灰意冷地说："我自知必死无疑，谁料遇上了你们。"此人强撑着下了地："左营副将昌合察拜谢恩人。"说罢，就要跪下。常玉娇急忙扶起："壮士不必如此。"

常惠面无表情："此乃汉地，你走错地方了。"

昌合察道："败军之将，本就无颜还乡，将死之时，又得恩人相救，昌合察任凭恩人处置。"

常玉娇双目一亮："不忙、不忙，一切待养好身体再说。"

昌合察身体底子好，没几天又是生龙活虎般的一条汉子，高兴时，要一套匈奴刀法，虎虎生风，威不可挡。不料，激起了常惠的兴致，取出单刀和昌合察切磋，昌合察一分一分加力，气力用到八分，常惠仍无败象，便尽全力而战，见常惠全无招式，只是随机应变，虽落下风，却也勉强招架得住，当即收刀笑道："小壮士武艺不精，这防身刀法却了不得，如我猜得不错，此是李广老将军的防身五式。"

常惠听得，吃了一惊："连李老将军的刀法你也认得？"

昌合察笑道："飞将军李广名震匈奴，冒顿单于曾专门研究李广。"

这下更让常惠吃惊了："如此，此刀法匈奴都熟悉了？"

昌合察放下弯刀，取过长枪："要破此刀，弯刀很难，若换做长枪便容易多了。"二人又以枪对刀，不几回合，常惠便败了。看着常惠不解，昌合察解释道："五式刀法，专为对付弯刀，而这长枪，专为此刀法而练，懂了吗？"

常惠点点头："那这长枪对弯刀又怎么样？"

"练好了，对付弯刀也可以。"

"你能教我吗？"常惠提出要求。

"命都是你的。"昌合察大笑："你看中啥我教啥。"此后一年中，二人很少出沟，或是打斗，或是研究，武艺都精进了不少。而这一年，常玉娇咬紧牙关，苦练骑马，虽无骑术，却能稳稳地驰马奔驰。而小巧玲珑的小余余却和昌合察混得挺熟，常玉娇虽不太喜欢这个女儿，但小余余却成了常惠、昌合察的宝贝，几乎是要什么给什么，要怎样便怎样。

见常惠已能在武力上胜过自己，昌合察问："兄弟，以你现在的功夫，足可抵一个汉朝的偏将了，莫非兄弟也想从军？"

常惠道："大丈夫当为国而战，若有可能，我愿如霍去病将军那般率三万铁骑征服匈奴。"

昌合察笑道："霍去病将军胆略、武道、机缘非常人能及，不是我小看你，即使你从小就得名师培养，也不可能达到霍去病的境界。"

常惠不服："你是说我练不到他那样的功夫？"

昌合察严肃道："沙场博战，指挥千军不全凭功夫。三韬六略随机制敌，方方面面都在计算之中，兄弟有此大志，依老哥看，应当走另外一条路。"

"什么路？"

"大汉朝立威漠北，卫青、霍去病当居首功，而张骞通西域，联乌孙之举也成了不世之功。依我之见，兄弟当走张骞这条路。"

常惠沉思半晌："就依大哥，但我现在该怎么办？"

昌合察笑道："可找些书看，研学战策，漠北是今后大汉朝征战之地，从今日起，咱俩就说匈奴话。"

舅舅李海元得知此事，凭着张财主的关系，找来了孙武兵法供二人研读，为了匈奴话学得快，常玉娇也加入进来，一年过去了，常惠对兵书、战策熟读如流，日常匈奴话也说得非常流利，而常玉娇除了骑马外，也学会了匈奴刀法，只是力道单薄而已。

这日，常玉娇让李海元大哥送来两坛酒，卤了些野味，做了几个菜，专门让大哥请了假与他们共饮，一坛酒喝完时，常玉娇酒意上涌，猛干一碗道："大哥，你不是问我逃离刘家却为什么不回家吗？今日我便原原本本地把我的事全告诉你。"

李海元停下了杯，疑惑地看着这位娇小但又貌美如花的小妹，常玉娇趁着醉意便将刘家之事原原本本地诉说了一遍，说完，见昌合察与常惠暴怒的脸色，说道："我苦守此地，只想等一个机缘，我不想杀死他们，但总要出出心中恶气。原先，我把希望全放在惠儿身上，哪知，老天又送来个昌合察，于是我苦练刀法，骑马，心想着只要昌合察帮我除了心中恶气，我便与他远走高飞。"

昌合察站起道："虽赴汤蹈火，唯恩人之命是从。"

李海元笑道："你守着两大高手，出气不难，只是要计划好，你俩走，小余余、常惠怎么办？"于是，众人合计半天，当夜，昌合察、常玉娇一马双跨，常惠骑白马以黑巾蒙面，悄悄地进入梗阳城。

第二天，梗阳城里传开了，刘财主家进了一男一女两个匈奴人，把刘府家丁全部绑了，痛骂刘员外夫妇一顿，临走时，男匈奴人一脚踢中刘员外小腹，只怕刘员外废了，而女匈奴人连抽夫人十巴掌，夫人的脸至今肿得像猪头。之后，两匈奴人出小东门时，守城吏卒要阻拦，不知哪里射来两箭，射伤了守城吏，两匈奴人骑红、白两匹马扬长而去。

常惠将白马送给了小姑，临别时，昌合察送给他四个字：勇、狠、智、忍。送走小姑后又回到沟中，熟睡的常小余刚刚醒来。至此，刘家再也不找少夫人了，常惠得到消息后，便与舅舅商量，让小余余跟舅舅回家，小余余虽住到舅舅家，但白天仍天天进沟，陪常惠哥哥练武、看书。

一晃常惠已十八了，而小余余也十四了，俗话说"女大十八变"，但小余余在十四岁就变了，身材苗条，小脸蛋越长越靓丽。每见常惠练武归来，小余余总是调好温水，服侍常惠洗漱，常惠也觉得这个越来越像小姑的妹妹很可人意。除服侍常惠外，小余余几乎把心思全放在葡萄上。到夏天时，那几株葡萄终于结上了葡萄，小余余高兴得手舞足蹈，常惠也十分高兴。兄妹二人如得了不世宝贝，越加上心打理，把那几十株葡萄整理得清清利利，葡萄地里干干净净，几乎难见一株草。这年，汉匈之战，有胜有败，北至云中，西至酒泉，小股战斗几乎日日都有。到立秋时，常惠忽然从沟外寻了两棵核桃树，移至葡萄园两旁，小余余笑着说："哥，这株是你，这株是我，永远守着咱们的葡萄园。"

常惠只笑了笑，他此时已生投军之念，第二年开春，核桃树长叶了，常惠心里舒了口气，他悄悄整理好行装，小余余看到了，默默地背转身，两行清泪默然流下，常惠拽过小余余："小妹，大丈夫当思报国，我想凭这一身武艺，为国效力，挣个出身……"

小余余终于哭出了声，哽咽道："母亲抛下我，哥哥也不管我了。"

"小妹。"常惠急道："你母亲托我照看于你，你就是我一辈子的亲妹妹。"

"我不要做妹妹。"不料，小余余哭声更大了。

"不做妹妹？"常惠一时没反应过来。

"你志向远大。"小余余边哭边说："我知道我也拦不住你，只是，我要你心里有我，我会在这葡萄园里等你回来。"

常惠也凄然道："无论走到哪里，小余余都在我心里，还有这个葡萄园。"

"你说话算话。"小余余突然不哭了："拉勾按印。"

十分不舍又难以阻拦，小余余独自站在小山头怅望着大步远去的常惠，眼泪默默的流了下来。

就在葡萄园里，小余余收到了常惠的信，他到了云中郡，第一次和匈奴交锋，就射杀了三个匈奴兵，枪挑了一个匈奴将官，从普通骑兵被挑选到弓弩队。第二次征战，他负了伤，但凭着那股狠劲，带伤出击，迎战敌方统领，使己方将军脱身指挥，险胜一战。而常惠也被提升，小余余有了常惠的消息异常高兴。

谁知，自此之后就再没了常惠的消息，李海元也只能从东家那里得到一些消息，说大汉朝派出一支出使匈奴的使团，被匈奴扣下了，没有一个人回来，众人推测常惠没有消息，只怕是参加了这个使团被扣在匈奴了。自得到这个消息，小余余便再也没有了欢笑和歌声，表姐、表哥们经常看见小余余握着葡萄枝发呆，一待就是一天，慢慢地发现这姑娘瘦了，那个丰满俏丽的大姑娘变成了一个消瘦的姑娘，瘦归瘦，但小余余的习惯没有变。每到白天她都在那个葡萄园里，到日落时总是独自站在山头望向沟口。

舅舅终于发现小余余情况不对了，想着法儿安慰，舅舅说："你哥已得了你昌伯伯四字诀，与匈奴搏战，体现了勇和狠字，在匈奴，如运用好智和忍，必定能回来。"

小余余凄然一笑："我也知常惠哥哥一定能回来，只是，唉……"

自此，小余余更在意那个葡萄园了，年年栽新葡萄，终于有一天小余余扶着葡萄枝条倒下了，舅舅把她抱进石洞，小余余说："我和哥哥的葡萄园要照看好，哥哥一定会回来的。"说罢，咽下了最后一口气。舅舅抱着小鱼鱼哽咽着说："我知你之心，也知你常惠哥哥心中不会忘记你，不会忘记这葡萄园。"于是，便将小余余埋在她张望山口的那个山头上，并将葡萄园取名"余思园"，以纪念这个可爱又可怜的孩子对常惠的思念之情。

十八年后，园中的葡萄熟了，早已辞去先生之职的李海元正带着孙子和外孙收葡萄，突然从沟外驰进一匹马，马上坐着一位英武的将官，这马如飞而至核桃树下，对着葡萄园大喊："妹子，哥哥回来了，哥哥回来了。"

"莫非是惠儿。"李海元颤巍巍地站了起来。

"舅舅。"常惠急忙跑过来扶住老人："小余余呢，小余余在哪里？"

舅舅眼中流出了眼泪："你看看这葡萄，……唉！"

常惠细看，只见前面两排每两株为一组，他记得那是他和小余余栽的，一人一棵，两棵为一组，而后边的都是单株，每株之间间距都很大，他隐隐觉得，这也是按两株一组安排的，肯定是小余余等他回来补栽。

"看明白了吗？"舅舅问。

"小余余呢？怎么不见小余余？"常惠急着问。

"唉。"一声长叹，舅舅看着常惠："你跑到哪里去了，害的小余余天天盼望，她至今……还……还在山头上……"

没等舅舅说完，常惠便飞奔上山头，谁料山头上空无一人，只有长满荒草的坟堆，而坟堆前面的墓碑字迹模糊，常惠用手擦了半天，才看清五个字"小余余之墓"。

常惠彻底懵了，半晌，这个铁打的汉子跪下了，流下了两行清泪。

"惠儿。"也不知过了多久，舅舅苍老的声音响起："小余余咽气时还想着那个葡萄园，我也知后面的葡萄太稀，需补栽，但我想到她的用意，十八年了，还保持原样，就这样等你回来。"

"她是要这葡萄也成双成对。"常惠很明白小余余的心思，他跪在小余余的坟前许愿："自张骞开通西域，西域的葡萄便引进了长安，我要从西域和长安把其它品种的葡萄带回来补栽，让这片葡萄园成为这一带最好的葡萄园。以此聊慰妹妹之心。"

"如此也不枉小余余苦思哥哥之情了。"舅舅幽幽地说。

当晚，常惠便将这二十年被扣在匈奴的事诉说一番，当舅舅得知外甥现在是大汉朝光禄大夫时，简直乐疯了，他说："你妈妈也盼了你二十年，明日舅舅和你一起回大常庄，一是让你妈妈高兴高兴，二是让常家人也知道你小姑还有这么一个孩子。"

常惠当了大汉朝光禄大夫，常玉娇也有了下落，小常庄的财主与大常庄的穷人都高兴极了。人们敲锣打鼓庆贺，小常村的财主也过来拜见，攀亲，对小余余之事浑然如无，只有在这时候，常惠才明白小姑为什么要给女儿起这么个名字，因为以她这样的身世，活在世上也是个多余的人。正思忖间，村外驰入两匹快马，常惠见马上之人背插令字旗，便知有紧急军情，果然，这两匹快马直到常惠门前才停住，马上之人大叫："光禄大夫常惠，苏武大人请你速回长安。"

常惠急忙脱去便服，换上官衣，对母亲和舅舅说："我只带了二百两银子，一百两留在家里，一百两给舅舅，我走之后，你们需做两件事，一是小余余的墓碑换做'小妹常小余之墓'，标明光禄大夫常惠立。二是将余思园改作思余园，也是常惠题。"

还未待母亲说话，舅舅便道："改得好，改得好。一字未动，就将小余余思念哥哥变成哥哥思念妹妹。你放心去吧，小余余的事我会办好的。"

在两位驿站传信之人催促下，常惠上马扬鞭，绝尘而去。

原来，匈奴与车师联兵侵犯乌孙国，乌孙国向汉朝求救，新任右曹典属国苏武推荐常惠随军征战，故从长安六百里快马催回常惠。正调集兵马时，汉昭帝驾崩，大军未能成行。待汉宣帝即位，便依右曹典属国苏武之仪，以光禄大夫常惠为使者，前往乌孙国。常惠到乌孙后，方知匈奴侵占了乌孙东界两处地方，并令乌孙将汉朝公主押送匈奴，乌孙求汉天子出兵拯救公主和昌弥。汉即派三路大军北征匈奴，并以常惠为校尉，持符节再去乌孙，监护乌孙的五万精兵东攻匈奴。

常惠集齐五万精兵，秘密安营，只派出侦骑打探，乌孙将领见汉军与匈奴大战，请出兵助汉，皆被常惠止住，常惠说："匈奴兵凶悍，又长于游击，劝诸位忍住性子，静待机缘。"终于，探马来报，匈奴与汉军决战，精兵皆出，王庭空虚。常惠当即下令，五万精骑直捣王庭。常惠有意放走一些王庭守敌，俘虏了单于叔父、嫂嫂、公主、偏小王等数千人，缴获马、牛、羊、驼、驴七十余万头。王庭被破的消息，一经传开，匈奴军心大乱，汉军大胜。

常惠在返回时，特沿乌孙古道找到葡犁园，专门取了葡犁园的玛瑙葡萄、脆葡萄种子。常惠因建不世之功，被封为长罗侯。在再次出使乌孙前，亲自在长安葡萄园又集齐十二种葡萄，骑快马直回白石沟，他将十四种葡萄并五百两银子交于表弟道："请代我补栽葡萄，五年后，烦请送葡萄去长安，我要在长安吃上思余园的葡萄。"

常惠返回长安，再去乌孙，在乌孙征服龟兹国，大败车师国，又在救援郑吉的屯田军时，击败匈奴兵，三次至乌孙，三次大捷，常惠的军事才能和外交才能终于被朝野及乌孙国公认。返回长安后，苏武和常惠属下众将在长罗侯府摆酒庆贺，酒宴刚开，长罗侯府门外却来了两个毛驴，原来，思余园的十八种葡萄熟了，舅舅李海元、表弟李大山赶着毛驴送葡萄来了。一时，摆齐了长安葡萄的酒桌上，又摆上了千里而外的梗阳葡萄。

当思余园的故事传到苏武耳中时，苏武才突然想起，长罗侯府中只有老爷、老夫人，却不见长罗侯夫人，这才与老夫人张罗着给功勋卓著又智勇双全的长罗侯张罗亲事，最终，在长罗侯的坚持下，长罗侯府又有了个二夫人，但大夫人在哪里，谁也不知道。

长安的葡萄好吃，但尝过思余园葡萄的长安人，更喜欢思余园的葡萄，常小余和长罗侯的故事，随着思余园的葡萄传遍了整个长安。

此后，为联结乌孙，共逐匈奴，乌孙翁归靡要娶汉朝公主，长罗侯又四出乌孙，后常惠回长安继续担任右曹典属国，右将军赵充国去世后，汉宣帝又任命常惠为右将军，常惠去世后，汉朝赐他"壮武侯"谥号。常惠一生武功卓绝，其联通西域之功至今被后人传颂，而因其一念之愿，梗阳思余园的葡萄随着长安人的喜爱，红遍长安，梗阳山区的葡萄发展得越来越多了。

七、三国魏晋时期太原葡萄酒贡品

三国时，魏文帝曹丕诏郡臣说葡萄云："醉酒宿醒，掩露而食，甘而不饴，酸而不酢，冷而不寒，味长汁多，除烦解悁，他方之果宁有匹之者？今太原尚作此酒，或寄至都下，酒作葡萄香。"①这段话的大意是，魏文帝告诉群臣葡萄酒的特点，甜、酸、凉、味长、汁多并解渴，现在太原也做葡萄酒，寄至都城，酒中葡萄香气浓郁。魏文帝曹丕对葡萄与葡萄酒的这段评价被史官记载下来，太原葡萄、葡萄酒以其优越的品质成为当时朝廷贡品。

《植物名实图考长编》中记载了三国时期太原清徐葡萄酒

据相关资料记载，山西太原清徐地区是全国原产葡萄种植延续至今的主要产区。

清徐从远古的史前，在葡萄种植栽培的一年四季中总结出一套当地特有的种植方法。晋朝郭义恭的《广志》中对清徐葡萄耕作做了详细记载："葡萄有紫、白、黑三种者也，蔓延，性缘不能自举，作架以承之。叶密阴厚，可以避热。十月中，去根一步许，掘作坑，收卷蒲萄悉埋之。近枝茎薄安黍穣弥佳。无穣，直安土亦得。不宜湿，湿则冰冻。二月中还出，舒而上架。

---

①吴其濬：《植物名实图考长编》，中华书局，2018年，815页。

植物名实图考长编 卷十五 果类 葡萄

齐民要术：汉武帝使张骞至大宛，取葡萄实，如离宫别馆旁尽种之。西域有葡萄，蔓延以生。广志曰：葡萄有黄、白、黑三种者也。蔓延性缘，不能自举，作架以承之，叶密阴厚，可以避热。十月中去根一步许，掘作坑，收卷葡萄，悉埋之。

近枝茎薄安黍穰穊弥佳。无穰直安土亦得，不宜湿，湿则冰冻。二月中还出舒而上架，性不耐寒，不埋即死。其岁久根茎粗大者，宜远根作坑，勿令茎折。其坑外处，亦掘土并穰培覆之。

藏葡萄法，逐熟者一一零叠，（一作摘）。取从本至末，悉皆无遗，胜世人全房折杀者。作干葡萄法，极熟者一一零叠摘取，刀子切去蒂，勿令汁出，蜜两分和内葡萄中，煮四五沸，漉出阴干便成矣。

藏葡萄法，极熟时，全房折取，于屋下作荫坑，坑内近地凿壁为孔，插枝于孔中，还筑孔使坚。选筑孔使坚屋子，置土覆之，经冬不异也。非直滋味倍胜，又得夏暑不败坏也。

癸辛杂识有传种葡萄法，于正月末取葡萄嫩枝长四五尺者，捲为小圈，令紧，先治地，土松而沃之以肥，种之，止留二节在外。异时春风发动，众萌竞吐，而土中之节不能条达，则尽萃华于出土之二节，不二年成大棚。其实大如枣，而且多

八一五

《植物名实图考长编》中记载了西晋太原清徐葡萄种植

性不耐寒，不埋即死。其岁久根茎粗大者，宜远根作坑，勿令茎折。其坑外处，亦掘土并穰培复之。"①这一记载详细地讲述了清徐葡萄冬季收卷下架入土、春季出土上架舒展的特点。与现在清徐产区葡萄种植方式一样。

紫色的龙眼葡萄和瓶儿葡萄，白色的驴奶葡萄，黑色的黑鸡心葡萄，是从野生葡萄延续留存来的，枝叶茂盛，不能自举，作大棚架承之。叶密阴厚，每年农历十月寒露、霜降时，收卷修剪，葡萄悉埋之，二月中出土还原舒展上架，葡萄不耐寒，不埋会冻死，其上百年的葡萄根粗枝旺，要远离根系作坑，压条使葡萄不冻伤。用土埋，年复一年，一直传承至今。

清徐葡萄在几千年的栽培种植中，根据葡萄特性，每年春季出土上架，夏季枝条管理，秋季采收果实加工，冬季埋土越冬。清徐西边山葡农还结合二十四节气总结出一套葡萄农耕季歌。

①吴其濬：《植物名实图考长编》，中华书局，2018年，815页。

立春雨水：埋严葡萄圪堆，防止风干地下枝条，清理修剪下来的葡萄枝条、杂草，减少病虫害。

惊蛰春分：割苇子、碾苇子、绞篓子，整理葡萄地架子，拉葡萄地篓子重布架面，用稻草绑紧篓子，即"十"字。

清明谷雨：葡萄树枝条出土上架，用马莲均匀分绑在架子上，新老枝条搭配，春浇浅耕。

立夏小满：新葡萄芽长出，留足实芽，去掉多余芽，合理布产，掌控产量，及时锄草。

芒种夏至：顺主枝，绑好新芽，架面均匀，同时疏花疏果，掌控产量。

小暑大暑：二次绑新芽，浇水追肥，促使果实生长。锄净杂草，购无烟煤，制好熏葡萄干的煤糕。

立秋处暑：葡萄开始着色，去掉大棚架面的老叶、足叶，增光促色，浇水促果实膨大。早熟葡萄陆续上市。

白露秋分：中熟葡萄开始成熟，黑鸡心葡萄上市，同时整理熏房，熏

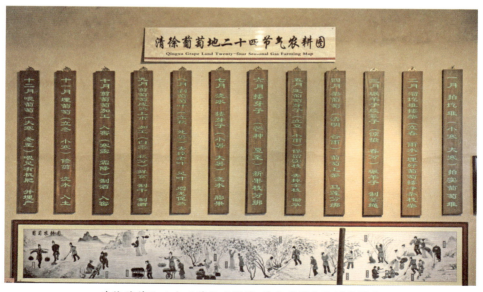

清徐葡萄地二十四节气农耕图 清徐葡萄文化博物馆藏

制葡萄干，酒厂收购酿酒葡萄，制葡萄酒、葡萄汁。

寒露霜降：晚熟葡萄成熟上市，酒厂酿酒入窖，炼酒桶贮，龙眼葡萄入储凉房进行冬储，修剪葡萄枝条，收卷成把，收卷架葽、枝条下架待埋。

立冬小雪：葡萄修剪完成，浇越冬水，开渠埋葡萄枝条，入土越冬，埋严拍实，利于休眠。

大雪冬至：收集腐化有机肥（牛羊粪、大粪），施足葡萄树底肥，并埋严肥料，严防风干。

小寒大寒：拍实埋严葡萄地圪堆，保证葡萄枝条和萌芽不风干、不冻坏，安全越冬。

在年复一年的生产实践中，葡萄管理还得看天、看地、看庄稼，以当年农时情况适当调整，以满足葡萄生长需要，这一历史悠久的栽培技艺一直使用至今。

清徐西边山龙眼葡萄　武学忠摄

八、北魏隋朝时期太原清徐葡萄酒

北魏时期 铜鎏金童子葡萄纹高足杯 山西博物院藏

随着时代的发展，到南北朝的北魏时代，平城开放，商贸发达，中亚的粟特商人组团沿着丝绸之路东行进入中国，一直到边城，在中国经商留居下来。山西省博物院展出的在大同轴承厂北魏窖藏遗址出土的北魏铜鎏金童子葡萄纹高足杯就是粟特商人带到当地使用的，铜杯杯腹布满凸起的葡萄及其枝叶图案，其中还有童子在采摘葡萄图案。这件酒器虽然不是中国传统器型，但它反映出东西方文化交流，说明当时山西有较多的葡萄酒饮用，葡萄在山西北部和中部有大量种植，并酿制葡萄酒。

1999 年 7 月，在清徐县以北 10 公里的太原晋源王郭村发现轰动中外的虞弘墓，它是全国十大考古新发现之一。其出土的汉白玉石椁上雕刻着粟特人脚踩葡萄做酒，葡萄树枝上结着葡萄。这进一步说明当时并州太原的葡萄也很多，通过丝绸之路文化交流，葡萄、葡萄酒在当时是最高贵的产品，饮用葡萄酒已成为当时达官贵人的一种时尚，这一发现也反映出了墓主人不同寻常的葡萄文化。

"蒲桃一杯千日醉，无事九转学神仙。定取金丹作几服，能令华表得千年。"庾信诗中饮用葡萄酒与服用长生不老的金丹相提并论，可见当时人们已认识到葡萄酒是一种健康的饮品。

隋 虞弘墓石椁 山西博物院藏

通过北魏铜鎏金童子葡萄纹高足杯和晋源王郭村出土的隋虞弘墓石椁上的葡萄，说明葡萄酒在当时是一种高级饮品，葡萄种植业在当时的盛行，太原清徐的葡萄也一直繁衍种植，清徐葡萄酒酿制也延续传承。

九、唐朝时太原贡品葡萄酒

　　《太原历史文献二十四史全译》辑本卷一百零九，《新唐书地理志》记载：北都太原府天授元年（690年）设置，这年也是武则天称帝后的第一年，天宝元年（742年）改称北京，可见当时太原已成全国的文化交流中心，当时太原的葡萄酒产量在全国首屈一指。太原府太原郡，本来就是并州，开元十一年改为府。进贡物品是：铜镜、铁镜、马鞍、梨、葡萄酒、龙骨、柏实人、黄石铆、甘草、人参、矾石、礜石。该书记载了当时太原清徐的葡萄种植和贡品葡萄酒。[①]唐朝时太原清徐种植葡萄和酿葡萄酒成为时尚，在当时进贡的孔雀海兽葡萄铜镜上，有孔雀、瑞兽，还有葡萄果实和藤蔓，版模精美，突显出葡萄多子多福的寓意和人们对葡萄的重望。

唐代高脚杯　清徐葡萄文化博物馆藏

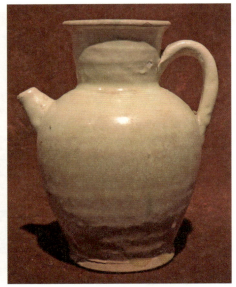

唐代白执壶　清徐葡萄文化博物馆藏

---

①王继祖：《太原历史文献》，商务印书馆，2011年，1377页。

唐代诗人白居易在《寄献北都留守裴令公》诗中写道："羌管吹杨柳，燕姬酌葡萄。"在后注释"葡萄酒出太原"。这是当时太原清徐向皇室进贡葡萄酒的记录。

据清徐《龙林山志》记载：清徐龙林山与古晋阳的龙山、天龙山齐名，在龙林山周边种植有 472 亩葡萄，在龙林山上有一座汉唐佛教圣地梵宇寺，它掩映在茫茫林海之中，是一座神秘莫测的深山古刹，梵宇寺至今保存一通北汉天会十年石碑称"北京龙林山梵宇寺祀"[①]，唐时以太原府为北都，还有洛阳、长安等，皆是唐宋时华夏的政治、文化、经济的大都市。史料记载，在这三个大都市中，达官贵人不一定都能品尝到太原葡萄酒，只有上层名人，如唐朝的王绩、刘禹锡，北宋的苏东坡、南宋杨万里等，有人敬送才可能品尝到太原葡萄酒。

古时，国家有两件重大事宜，一个是封禅大典，祭告天地；另一个是保卫边防，出兵打仗。这两件举国大事都离不开太原的贡品葡萄酒。

历朝历代帝王都要举行封禅大典，这一最高祭祀仪式彰显国家的兴盛。《唐会要》记载，封禅是帝王盛事，封禅之时展现国家统一，国家兴盛，国家出现祥瑞，盛世归功于天。[②]

《旧唐书》记载，封禅大典中的封禅礼是为表达对祖先和天地自然的敬畏，皇帝低下他们高贵的头颅，循规蹈矩地践行传承封禅礼仪。[③]

封禅礼表示国家四海宁静、国泰民安、风调雨顺、五谷丰登，也体现帝王治国有方，在政治、经济、军事、文化各个方面都有很大进步，推动了社会向前发展。

---

① 李中：《龙林山志》，三晋出版社，2011 年。
② 王溥：《唐会要》，中华书局，1960 年。
③ 刘昫：《旧唐书》，中华书局，1975 年。

封禅大典是向上人（天人）奏报自己的成绩，用黄金定制做金策玉牒、玉简册文，即装入金色的铜盒密封，另用金色的葡萄贡酒、金色的容器盛品敬献，这代表当朝富贵堂皇。当时太原是全国的铸币中心，冶铜制品属上等，煮炼成金色的贡品葡萄酒，都是唐王朝封禅大典的专用品。

保卫边防与对西域的控制是国家的重要大事。唐时国家东边、南边有大海，比较安定。但北边和西边有东、西突厥来侵略，如北边在大同边域有定襄之战、阴山之战，在西边有破高昌击吐蕃之战，对外来侵略者进行打击。在出兵开战之前，要对全体参战人员进行动员，统一思想，增加斗志，喝壮行酒，如王翰在《凉州词》中所述："葡萄美酒夜光杯，欲饮琵琶马上催。醉卧沙场君莫笑，古来征战几人回？"

"凉州词"这种曲调是唐朝时流行的一种曲调名称，当时许多诗人用"凉州词"曲调作诗，抒发边塞将士的悲壮情感，对守护在长城沿线雁门关、偏关、宁武关、杀虎口关、嘉峪关等边关要塞的将士们的英勇斗志赞美歌颂，描写在出征前盛大华贵的酒宴上战士们痛快豪饮太原贡品葡萄酒的场面。

十、唐朝煮葡萄酒与炼白葡萄酒

清徐炼白葡萄酒酿造技艺起源早于唐朝，到唐时酿造技术已成熟并入史册。

中华书局出版的吴其濬编著的《植物名实图考长编》记载："唐本草注，蘡薁与葡萄相似，然蘡薁时千岁蔂，葡萄作酒法，总收取子汁煮之自成酒，蘡薁，山葡萄并堪为酒。"① 煮汁就是通过熬煮去掉葡萄汁中的水分，煮汁同时也是煮炼，炼出葡萄精华，然后发酵成酒。这是清徐酿造炼白葡萄酒最早的文字记载。炼白葡萄酒选用的葡萄品种是清徐原产的龙眼葡萄，《唐本草》注：蘡薁葡萄与龙眼葡萄相似。蘡薁葡萄与龙眼葡萄应该是一个品种。古时各地对葡萄的叫法不一，葡萄是后来的名称。

引自《植物名实图考长编》

《齐民要术》中提到龙眼葡萄："《说文》曰薁蘡也。《广雅》曰燕薁也。《诗义疏》曰蘡薁实大如龙眼，黑色，今车鞅藤实是。"②

从唐时传承下来的这种煮酒技艺是先选取新鲜葡萄，分选破碎后取葡萄汁，再用鬵锅煮炼葡萄汁，浓缩葡萄精华后进行发酵。这一古老技术运用天然的原产龙眼葡萄，巧妙地利用自然煮炼浓缩技术，使酒体产生更加

---

① 吴其濬：《植物名实图考长编》，中华书局，2018年，814页。
② 石声汉：《齐民要术》，中华书局，2015年。

酿造炼白葡萄酒　清徐葡萄文化博物馆藏

清徐葡萄文化博物馆藏

丰厚的口感，再经过加麴发酵成为当时最好的葡萄酒，也称为贡酒。这一煮炼精湛的酿酒技艺从唐时起一直流传、沿用至今，现在取名为"炼白"葡萄酒技艺，其中"炼"即"煮"，也是该技艺的特色，2011年清徐炼白葡萄酒被评为山西省非物质文化遗产加以保护传承。

直到现在，炼白葡萄酒的酿造技术更加成熟，它被列入世界特种葡萄酒生产技艺行列，独特的炼白葡萄酒的酒质口感得到世界专家学者的认可。

葡萄酒中的理化指标是强制性指标。甜白葡萄酒中，干浸出物不能低16克／升，

清徐炼白葡萄酒检验报告

检验项目	单位	国家葡萄酒检验方法标准	国家葡萄酒标准规定	国家2013年4月15日检验结果	国家2020年8月28日检验结果	国家2023年11月2日检验结果
干浸出物	g/L	GB/T 15038-2006	≥ 16.0	38.6	43.3	35.3
总糖（以葡萄糖计）	g/L	GB/T 15038-2006	≥ 45.1	128.0	105.0	109.8
酒精度（20℃）	%vol	GB/T 5009.225-2006（第一法）	标签明示12±1.0	12.1	12.6	12.6
挥发酸（以乙酸计）	g/L	GB/T 15038-2006	≤ 1.2	0.9	1.0	1.1
铁（Fe）	mg/L	GB/T 15038-2006 4.9.1	≤ 8.0	3.0	< 2.5	未检出（< 2.5）
铜（Cu）	mg/L	GB/T 15038-2006 4.10.1	≤ 1.0	0.7	< 0.5	未检出（< 0.5）
甲醇	mg/L	GB/T 5009.266-2016	≤ 250	< 100	< 25	25.7
山梨酸及其钾盐（以山梨酸计）	g/kg	GB/T 5009.28-2016（第一法）	≤ 0.2		< 0.01	0.168

注：葡萄酒干浸出物的含量被视为评价葡萄质量和酿酒工艺有效成分的重要指标。

可以说越多越好，总糖不能低于45克/升，酒精度按照标签明示上下不能超过1度。挥发酸、铁、铜、甲醇、山梨酸钾，必须小于国家标准规定。

葡萄酒的干浸出物即无糖浸出物，是葡萄酒中在一定物理条件下的非挥发性物质的总和，在葡萄酒中干浸出物的含量是考核葡萄酒质量的一项重要指标。干浸出物指标的高低与葡萄酒原料及酒的生产工艺、储藏方式有密切的关系，是体现酒质高低的重要标志之一。炼白葡萄酒产品质量高，口感酸甜醇厚，清徐炼白葡萄酒在2019年荣获国际葡萄酒（中国）大奖赛金奖。

清徐炼白葡萄酒的干浸出物是普通白葡萄酒的2.2~2.7倍，因此酒体醇厚丰满，香气幽雅，口感酸甜适口，是一款适合女士高级专用酒。

世界特种葡萄酒史上记载最早酿造时期

中国	炼白葡萄酒	酿造时期	公元659年
西班牙	雪利酒	酿造时期	公元711年
匈牙利	贵腐酒	酿造时期	公元1650年
法国	香槟酒	酿造时期	公元1687年
德国	冰酒	酿造时期	公元1794年
加拿大	冰酒	酿造时期	公元1973年

炼白葡萄酒从检验分析结果中可以体现出清徐产区的地理优势，风土特点，酿制技艺，它不仅代表清徐葡萄酒，也是一款代表中国的葡萄酒。

清徐炼白葡萄酒生产技艺是一个特种工艺，与世界其他国家和地区的特种葡萄酒最初生产时间相比，炼白葡萄酒历史记载更早些。

各国特种葡萄酒有各自的种植、酿造和饮用方法，从一定意义上说，葡萄酒是"种"出来的。法国资深葡萄酒专家阿兰·卡斯特讲，在法国"这一片土地可能会种出什么样的葡萄来，这个葡萄园所酿造的葡萄酒就会是什么样的风格"。[1]葡萄产区的土地是产好葡萄酒的基本条件。中国清徐炼白葡萄酒酿造用的葡萄是产于清徐西边山的龙眼葡萄，独特的煮炼工艺酿造的炼白葡萄酒，一直是历代帝王和名人最喜爱的葡萄酒，其口感醇厚，酒体丰满，是世人公认的佳酿。

阿兰·卡斯特说："欧洲人会在餐后来一杯甜酒，甜酒以含糖量由少到多，分为半干、半甜到甜和非常甜，半干的甜酒以迟摘[2]的为多，贵腐酒和冰酒的糖分相对较高，半干的葡萄酒容易讨人喜欢，甜度高的葡萄酒则口感丰富，需要用心去欣赏。"

---

①阿兰·卡斯特、苏岚岚：《葡园四季》，中信出版社，2012 年。
②推迟采摘时间。

十一、唐朝清徐葡萄干"货之四方"

清徐西边山种植原产葡萄时间很早，唐宋后，随着寺庙文化的兴起，葡萄文化与寺庙文化在西边山一并相传。

公元841-846年的唐末会昌年间，都沟开凿修建石窟千佛洞，石窟与岩香寺一体，门前与葡萄树相连，都沟千佛洞的摩崖石刻造像艺术价值极高，其雕凿之精细，着色之艳丽，造型之逼真，是其他石窟无法与之媲美的，同时也反映了当地特有的文化艺术，目前是省级文物保护单位[1]，岩香寺门前的都沟河两岸种的都是黑鸡心葡萄，它是熏制葡萄干的上等原料，都沟河两岸也是清徐葡萄干的重要产地之一。

都沟千佛洞葡萄 武学忠摄

北宋宣和五年（1123年），西马峪村修建狐突庙，亦称狐爷庙，狐爷庙坐落在村北的黑鸡心葡萄地中，四面的葡萄十分香甜，东西马峪是黑鸡心葡萄重要的产区。狐爷庙金、元、明代都进行过修建，院内古槐参天，整体突出宋代风格，供敬的是春秋时期晋文公的外祖父狐突，狐突是忠贤

---

[1]冯晋生：《清徐揽胜》，山西人民出版社，2004年。

西马峪狐突庙葡萄 武学忠摄

的楷模，狐突庙是国务院公布的全国重点文物保护单位。[1] 狐突的为官之道深受当权者和百姓的敬重，后来传说狐突是雨神。狐突庙献殿内立有一通乾隆时期石碑，碑上文字记载："每遇旱魃之年，邑侯之来守是邦者，往往率诸父老祷雨于斯，随求随应。"每年过葡萄庙会节东西马峪的村民前来供敬狐神，祈求保佑葡萄不要烂，河水不要断，葡萄好收成。黑鸡心葡萄皮薄，如雨水大易烂，村民祈求狐神保佑黑鸡心

仁义村老熏房 王计平摄

葡萄丰收，熏制出上等的葡萄干。东马峪、仁义村的黑鸡心葡萄基本上都要熏制葡萄干，鲜葡萄销售不到20%。

史料记载，清徐西边山原产黑鸡心葡萄有一万多亩，同时在黑鸡心葡萄种植村庄内建有500多间葡萄干熏房，专门用于熏制葡萄干，熏制的葡萄干销往东北三省、内蒙古、苏联。

《中国葡萄志》记载："'《唐书》载：太原平阳皆作葡萄干货之四方。'山西太原一直采用人工干燥的'熏制法'，制有籽葡萄干，则是沿袭了唐

①冯晋生：《清徐揽胜》，山西人民出版社，2004年。

20 世纪 60 年代东马峪三队熏葡萄干 武学忠摄

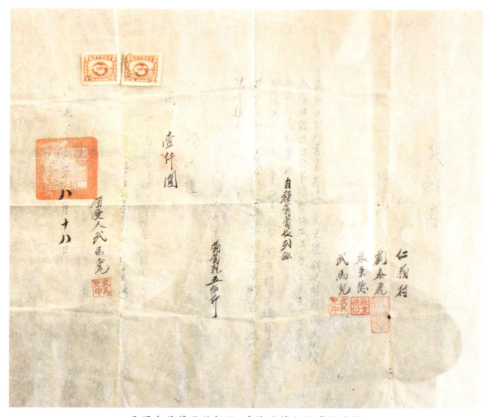

民国卖葡萄干的契约 清徐葡萄文化博物馆藏

代的制干方式。全国仅有新疆和田、吐鲁番和山西清徐地区生产葡萄干。[1]"
新疆吐鲁番、和田的葡萄干采用风干而成，而清徐当地则采用炭火熏干，
这是特有的一种制干方法。

东汉时期编撰的《神农本草》中葡萄记载："新疆、甘肃、太原等地
将葡萄制成葡萄干，运到四方，又名蒲桃。"[2]

《清末民初清源经济纪实》记载："清徐每年产黑鸡心三四百万斤，
鲜货出售十分之一二，其余全部都要熏成葡萄干，销往东三省，每年有
二三十万元汇回本县。"在《民国山西实业志》记载，山西各县进出口贸
易情形表中，清徐出口主要商品米粮、葡萄干。[3]由此可见，葡萄干在当
时也是大批量生产销售。[4]是当地葡农的主要经济收入。

清徐的熏葡萄干分为两种，一种是黑鸡心葡萄熏制的黑葡萄干，一种
是瓶儿葡萄、驴奶葡萄熏制的白葡萄干。

1948 年—1950 年，华北公营酿造公司大量收购清徐产的葡萄干，运
到北京及东三省销售。到 1953 年，由县供销社统一收购销售清徐葡萄干。

清徐熏葡萄技艺从古到今一直传承，在民国前生产熏制葡萄干的熏房
全部是个人经营，产品由商贾销售。1949 年以后熏制葡萄干生产也和葡萄
地一样，从初级社到高级社、人民公社，都由集体种植葡萄，集体熏制葡
萄干，供销社统一收购，统一销售。

---

①孔庆山：《中国葡萄志》，中国农业科学技术出版社，2004 年，204 页。

②［清］徐大椿、程国强：《神农本草经》，内蒙古人民出版社，2010 年。

③山西省地方志办公室编：《民国山西实业志》，山西人民出版社，2012 年。

④郭会生：《清徐葡萄》，中国文联出版社，2010 年，107 页。

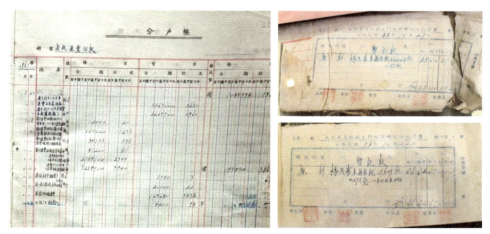

华北露酒公司收购葡萄干的单据 清徐葡萄文化博物馆藏

改革开放后，西边山的黑鸡心葡萄因修公路大量减少，清徐葡萄干熏制面临停产。2011年清徐熏葡萄技艺被列入省级非物质文化遗产，2013年，公司为保护传承清徐熏葡萄干技艺重新建起葡萄干熏房，熏制各种葡萄干，产品另行销售。

清徐葡萄文化博物馆藏

随着社会的进步，人民生活水平的提高，用煤炭熏制葡萄干的工艺不再使用，2020年清徐开始使用空气能热风烘烤葡萄干，品质和熏制的葡萄干一样，比原来的工艺更加节约时间，节约能源，产品更加卫生。

通过对葡萄历史的研究发现，清徐的葡萄从上古到今一直繁衍下来有两大因素。一个是地域优势，清徐有适合葡萄生长的自然条件，能长出比其他地方好吃、有特点的葡萄，由于清徐地处北纬37.6度，且西边山背风向阳，沙砾土，水资源充足，有原产古老葡萄品种，为葡萄种植具备了良好的自然生长条件。另一个是加工优势，由于葡萄是水分较大的果品，不易储藏，销售时间短，再加上古时交通条件有限，故发展繁衍受到制约。清徐原产4个葡萄品种，有其特有的本性，可鲜食、可酿酒、可贮藏，还可制葡萄干，特别是黑鸡心葡萄是制干的最好品种之一。这样既延长了葡萄的贮存时间，还拉长了销售距离。这两个特性也是清徐葡萄从上古延续至今的重要条件。

另外，清徐产区的葡农在熏制葡萄干时，正好是白露和秋分季节，这一季节的农活较多，但熏葡萄就需二十几天，在这期间，为了不影响其他农作物的收割和管理，熏房的大师傅先用大火吹掉葡萄的部分水分，再用小火将熏房火头上的葡萄先熏制好，腾出地方将实巷①里的葡萄调到火头上，暂时压火或停火几天，从中抽出时间忙于其他农活，过几天后，再加火熏制葡萄干，这种方式也有利于各项农活的调配，旧时葡乡前辈经常使用，这也是清徐葡萄能延续传承的一个因素。这一简单的延时熏制技艺中蕴含着清徐葡农利用自然规律和科学方法总结出的经验，是技术智慧结晶。

清徐龙眼葡萄的贮藏是自然储存，储存过程中风干形成干穗枝葡萄，人们叫干葡萄。葡萄穗变干，葡萄果粒中的水分减少，使龙眼干葡萄的口感更加浓郁，风味独特。干葡萄可使龙眼葡萄销售时间延长到第二年清明节以后，这也是清徐葡萄的一个特色。

清徐龙眼葡萄也叫红葡萄，是我国原产葡萄品种，在采收后直接销售的叫鲜葡萄，在贮藏后销售的叫干葡萄，在采收后用于煮炼酿酒的叫酿酒葡萄。

龙眼干葡萄的食用在清徐西边山有两千多年的历史，民间传说汉朝刘恒在并州当代王时，给母亲吃干葡萄去火治病，后来清源就有春天吃浆葡萄②去火一说，一直流传至今。

---

①熏房中火头旁边的葡萄为实巷。
②干葡萄到第二年惊蛰以后部分会自然产生一种贵腐菌，当地叫浆葡萄。

2015 年葡萄酒公司熏制葡萄干 武学忠摄

公司职工分拣葡萄干 王计平摄

空气能房 王计平摄

烤葡萄干 王计平摄

清徐西边山龙眼葡萄产区，每个村庄都有数量不等的龙眼干葡萄贮藏房，选用的都是比较清凉的南房和西房，每年到寒露、霜降节令时，选晴天采收龙眼葡萄，采收后晾到第二天早晨，温度低时入房上垛子，垛子大小根据葡萄数量多少、贮房大小而定，垛子上放 3~4 层葡萄，太高影响通风，龙眼葡萄入房上垛后，每天晚上门窗大开降温，白天关闭门窗，避免房内升温，在大雪节令前后全天关闭门窗，以防风干，到卖葡萄时，提前几天在房内喷洒温水，让干葡萄的穗枝潮湿，利于取干葡萄上市。

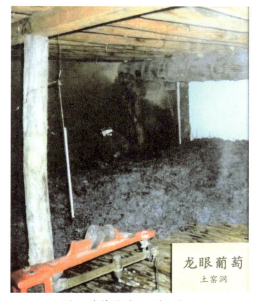

龙眼干葡萄储藏 王计平摄

龙眼干葡萄是自然贮藏，出品率一般在 70%~80%，贮藏不好就会发霉烂掉，颗粒无收。好的干葡萄第二年惊蛰左右上市，也会产生一些贵腐菌，人们叫浆葡萄，有清热败火功能。千百年来，干葡萄通过延长销售时间，给葡农带来不少的收益。葡农总结出一套贮藏管理方法，一直在民间传承，干葡萄品相虽然不太好看，但吃起来口感很好。

十二、清徐葡萄与清徐煤炭

清徐西边山，地面上生长着千万年留存下来的葡萄树，地下面贮存着几千万年前形成的煤炭，两个特色的产物给清徐当地带来丰富的资源和财富，两者相辅相成，为上千年的清徐葡萄种植栽培延存提供了有利条件。

考古发现，早在新石器时代，山西地区就已经有了煤炭的开采利用，《左传》记载，周公东征时山西发现了煤炭，到春秋战国时期，山西的煤炭资源得到更广泛的开采利用，西晋时期，曹操"藏石墨数十万斤"用来驱寒，唐代太原西门处晋山产炭，宋代煤炭的开采加工得到进一步发展，制作煤饼、煤糕用于日常生活，到清朝时期清政府开始对煤炭资源进行规划管理。[1]

在清徐的西边山有大小不等、开采时间不同的很多矿井。煤炭给当地带来了财富，采矿致富快，矿工工资高，也使当地百姓可以长期使用煤炭生火做饭取暖，给生活带来方便。

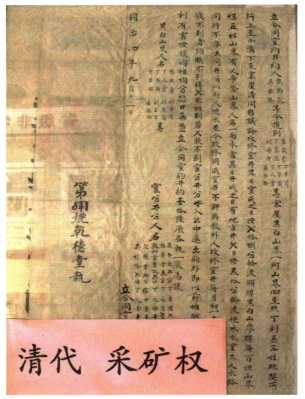

清代采矿权契约 清徐葡萄文化博物馆藏

---

①山西省地方志编纂委员会：《山西通志》，中华书局，1994年。

古时煤窑拉拖工使用的麻油灯 清徐葡萄文化博物馆藏

　　煤炭为葡萄加工炼酒制干提供了足够的燃料，为清徐葡萄从上千年延续传承种植栽培提供了便利条件。葡萄是水果中最不易运输和贮藏的果实，春冻、夏雹、秋季连阴雨是葡萄最怕的自然灾害，故而每年葡农们都要在寺庙祈祷，心愿河水不要断，葡萄不要烂。

　　每年夏天葡农就拉上无烟煤，打成煤糕，为熏葡萄干做好准备。9月份，黑鸡心葡萄、瓶儿葡萄、驴奶葡萄相继成熟，这个时期，清徐当地正好是雨季，有些年份雨一下就是半月十天，葡农们设法将葡萄采回来，搭进熏房，先用大火再用小火熏制成葡萄干，这样当年葡农就有收入，基本生活有了保证。如果没有煤炭，没有熏房，葡萄只能看着烂在架上，没有了收入，基本生活也得不到保障，只有砍了葡萄树种其他作物。就山西全境而言，种葡萄的地区很多，但大多是断断续续。不能持续下来的原因就是解决不了自然灾害对葡萄的影响，一次灾害一年无收入。再加上种植葡萄用工多、用肥高，一连两年受灾，葡农自然就不种葡萄了，传承千年的葡萄树就不可能存在了。

　　清徐熏葡萄干的熏房，一般每房三开间，能搭 12000 斤鲜葡萄，熏出 3000 斤左右葡萄干，用煤 3000 斤，熏房用的全是无烟煤，葡农们以 2 份煤 1 份烧土的比例，打成圆形煤糕，三间开的熏房三盘火就基本够用了。葡萄搭架装满熏房后，开始七天大换盘，用煤糕最多，以大火排出葡萄的水分，不然葡萄会发霉腐烂。十天以后根据天气和葡萄的情况改用小火，控制温度，合理利用工时均衡熏出葡萄干。一般一房鲜葡萄用 25 天左右就全部熏成葡萄干，清徐熏制葡萄干这一技艺从唐朝形成后一直传承至今。

清徐独特的炼白葡萄酒，炼制用的是当地产的无烟煤和炭，工人以煤 2 份烧土 1 份的比例和成泥，白天炼制用炭，晚上封火用泥。火候的掌握

葡萄干熏房用煤糕 王计平摄

熏制葡萄干 王计平摄

是炼白葡萄酒炼制的重要环节，火大炼出的葡萄酒焦味太大，口感不佳。火小时间太长，费工费时，炭泥搭配很好地达到煮炼葡萄酒技艺的火候要求。

这两个葡萄加工技艺都离不开当地产的煤炭，清徐葡萄种植传承千年与当地产的煤炭有很大的依赖关系，这种关系也是老天爷赐给当地的自然福祉。

煮炼葡萄酒鲞锅 王计平摄

清徐有仰韶文化的遗址八处，是人类居住生活较早的地区之一，随着人类社会的发展，清徐较早利用煤炭为社会营造财富，利用微生物做麹，做酒，做醋，在发酵工业中形成自己独特的制麹酿酒工艺，总结出一套自然的实用规律。煤出窑口，

酒出甑口，好葡萄得到地头，好煤怕三窑，好酒怕三烧，好葡萄酒全靠熬。

好煤怕三窑。

一样的煤层，各个窑口出来的煤用处不一样，但三个不同煤层的煤合并，一定是好煤，其中不同煤窑的煤中有肥煤、瘦煤，有着火点低的煤，有着火点高的煤，一旦合并起来各自发挥作用就是好煤。

好酒怕三烧。

一样的工艺各个白酒厂出来的白酒口感不一样，三个酒厂的酒合并起来定是好酒，酿酒是与微生物打交道，看不见，摸不着，各厂的水质、温度、时间、用麯不同，产出的酒有的酯高，有的酸高，有的香气复杂，匀调起来，取长补短就是好酒。

好葡萄酒全靠熬。

品质好的葡萄出自名地块，再用炭火熬炼后发酵，一定是好葡萄酒，葡萄是有生命的植物，随着气候、土质、水质、阳光等自然环境的不同，各个地块长出的葡萄口感不同，用名产区的葡萄经过取汁、熬炼发酵的炼白葡萄酒一定是好酒。

十三、历代诗人赞颂葡萄、葡萄酒

古时，太原葡萄酒指的皆为清徐葡萄酒。

《诗经》王风·葛藟（节选）
绵绵葛藟，在河之浒。
终远兄弟，谓他人父。
谓他人父，亦莫我顾。

《诗经》 豳风·七月（节选）
六月食郁及薁，七月亨葵及菽，八月剥枣，十月获稻，为此春酒，以
介眉寿。

《诗经》 周南·樛木（节选）
南有樛木，葛藟累之。
乐只君子，福履绥之。

引自《植物名实图考长编》①
【三国】曹丕
魏文帝诏郡臣说葡萄云：醉酒宿醒，淹露而食，甘而不饴，酸而不酢，
冷而不寒，味长汁多，除烦解渴，他方之果，宁有匹之者？今太原尚作此酒，
或寄至都下，酒作葡萄香。

---

①吴其濬：《植物名实图考长编》，中华书局，2018 年。

种葛篇 （节选）

【三国】曹植

种葛南山下，葛藟自成阴。

与君初婚时，结发恩义深。

饮酒乐

【三国】陆机

蒲萄四时芳醇，琉璃千钟旧宾。

夜饮舞迟销烛，朝醒弦促催人。

春风秋月桓好，欢醉日月言新。

燕歌行（节选）

【南北朝】庾信

蒲桃一杯千日醉，无事九转学神仙。

定取金丹作几服，能令华表得千年。

有所思

【南北朝】沈约

西征登陇首，东望不见家。

关树抽紫叶，塞草发青芽。

昆明当欲满，葡萄应作花。

流泪对汉使，因书寄狭斜。

倡女行（节选）

【唐】乔知之

石榴酒，葡萄浆。

兰桂芳，茱萸香。

愿君驻金鞍，暂此共年芳。

愿君解罗襦，一醉同匡床。

过酒家（节选）

【唐】王绩

竹叶连糟翠，蒲萄带曲红。

相逢不令尽，别后为谁空。

寄献北都留守裴令公（节选）

【唐】白居易

晋国封疆阔，并州士马豪。胡兵惊赤帜，边雁避乌号。

令下流如水，仁沾泽似膏。路喧歌五袴，军醉感单醪。

将校森貔武，宾僚俨隽髦。客无烦夜柝，吏不犯秋毫。

神在台骀助，魂亡猃狁逃。德星销彗孛，霖雨灭腥臊。

烽戍高临代，关河远控洮。汾云晴漠漠，朔吹冷飋飗。

豹尾交牙戟，虬须捧佩刀。通天白犀带，照地紫麟袍。

羌管吹杨柳，燕姬酌蒲萄。

注解称"葡萄酒出太原"。[1]

---

①郭会生、王计平：《清徐马峪炼白葡萄酒》，北岳文艺出版社，2015 年。

房家夜宴喜雪戏赠主人

【唐】 白居易

风头向夜利如刀，赖此温炉软锦袍。

桑落气薰珠翠暖，柘枝声引管弦高。

酒钩送盏推莲子，烛泪黏盘垒蒲萄。

不醉遣侬争散得，门前雪片似鹅毛。

和梦游春诗一百韵（节选）

【唐】白居易

裙腰银线压，梳掌金筐麷。

带襭紫蒲萄，袴花红石竹。

宫中行乐词八首·其三

【唐】李白

卢橘为秦树，蒲桃出汉宫。

烟花宜落日，丝管醉春风。

笛奏龙吟水，箫鸣凤下空。

君王多乐事，还与万方同。

对酒

【唐】李白

蒲萄酒，金叵罗，吴姬十五细马驮。

青黛画眉红锦靴，道字不正娇唱歌。

玳瑁筵中怀里醉，芙蓉帐底奈君何。

襄阳歌（节选）

【唐】李白

鸬鹚杓，鹦鹉杯。

百年三万六千日，一日须倾三百杯。

遥看汉水鸭头绿，恰似葡萄初酦醅。

此江若变作春酒，垒曲便筑糟丘台。

千金骏马换小妾，醉坐雕鞍歌《落梅》。

车旁侧挂一壶酒，凤笙龙管行相催。

塞下曲

【唐】李颀

黄云雁门郡，日暮风沙里。

千骑黑貂裘，皆称羽林子。

金笳吹朔雪，铁马嘶云水。

帐下饮蒲萄，平生寸心是。

古从军行（节选）

【唐】李颀

闻道玉门犹被遮，应将性命逐轻车。

年年战骨埋荒外，空见蒲桃入汉家。

葡萄歌

【唐】刘禹锡

野田生葡萄，缠绕一枝高。移来碧墀下，张王日日高。

分歧浩繁缛，修蔓蟠诘曲。扬翘向庭柯，意思如有属。

为之立长檠，布濩当轩绿。米液溉其根，理疏看渗漉。

繁葩组绶结，悬实珠玑蹙。马乳带轻霜，龙鳞曜初旭。

有客汾阴至，临堂瞪双目。自言吾晋人，种此如种玉。

酿之成美酒，令人饮不足。为君持一斗，往取凉州牧。

和令狐相公谢太原李侍中寄蒲桃（节选）

【唐】刘禹锡

鱼鳞含宿润，马乳带残霜。

染指铅粉腻，满喉甘露香。

酝成十日酒，味敌五云浆。

题张十一旅舍三咏·葡萄

【唐】韩愈

新茎未遍半犹枯，高架支离倒复扶。

若欲满盘堆马乳，莫辞添竹引龙须。

葡萄

【唐】唐彦谦

金谷风露凉，绿珠醉初醒。

珠帐夜不收，月明堕清影。

咏葡萄

【唐】唐彦谦

西园晚霁浮嫩凉，开尊漫摘葡萄尝。

满架高撑紫络索，一枝斜鞲金琅玕。

天风飕飕叶栩栩，蝴蝶声干作晴雨。

神蛟清夜蛰寒潭，万片湿云飞不起。

石家美人金谷游，罗帏翠幕珊瑚钩。

玉盘新荐入华屋，珠帐高悬夜不收。

胜游记得当年景，清气逼人毛骨冷。

笑呼明镜上遥天，醉倚银床弄秋影。

凉州词二首·其一

【唐】王翰

葡萄美酒夜光杯，欲饮琵琶马上催。

醉卧沙场君莫笑，古来征战几人回？

葡萄酒

【唐】王翰

揉碎含霜黑水晶，春波潋潋煖霞生。

甘浆细挹红泉溜，浅沫轻浮绛雪明。

金剪玉钩新制法，紫驼银瓮旧豪名。

客愁万斛可消遣，一斗凉州换未平。

胡歌

【唐】岑参

黑姓蕃王貂鼠裘，葡萄宫锦醉缠头。

关西老将能苦战，七十行兵仍未休。

谢张太原送蒲桃

【宋】苏轼

冷官门户日萧条，亲旧音书半寂寥。

惟有太原张县令，年年专遣送蒲桃。

饮酒四首·其一

【宋】苏轼

雷觞淡于水，经年不濡唇。

爰有扰龙裔，为造英灵春。

英灵韵甚高，蒲萄难与邻。

他年血食汝，当配杜康神。

初食大原生蒲萄，时十二月二日（节选）

【宋】杨万里

太原青霜熬绛饧，甘露冻作紫水精。

隆冬压架无人摘，雪打水封不曾拆。

风吹日炙不曾腊，玉盘一朵直万钱。

送裴中舍赴太原幕府

【宋】司马光

元戎台鼎旧，大府节旄新。

边候正无事，宾筵况得人。

山寒太行晓，水碧晋祠春。

斋酿蒲萄熟，飞觞不厌频。

夜寒与客烧乾柴取暖戏作

【宋】陆游

槁竹乾薪隔岁求，正虞雪夜客相投。

如倾潋潋蒲萄酒，似拥重重貂鼠裘。

一睡策勋殊可喜，千金论价恐难酬。

他时铁马榆关外，忆此犹当笑不休。

葡萄

【宋】孔武仲

万里殊方种，东随汉节归。

露珠凝作骨，云粉渍为衣。

柔绿因风长，圆青带雨肥。

金盘堆马乳，樽俎为增辉。

【元】叶子奇

《草木子》云：元朝于冀宁等路造葡桃酒，八月至太行山辨其真伪，真者下水即流，伪者得水即冰冻矣。

【元】马可·波罗

《马可·波罗行记》记载：其地种植不少最美之葡萄园，酿葡萄酒甚饶。契丹全境只有此地出产葡萄酒。

葡萄

【元】郑允端

满筐圆实骊珠滑，入口甘香冰玉寒。

若使文园知此味，露华应不乞金盘。

拟古诗七十首（录一十三首）（节选）

【明】盛时泰

葡萄夏初熟，颗颗如紫玉。

舞困图（节选）

【明】郭武

葡萄消渴樱桃小，一骑红尘报春晓。

葡萄架

【明】冯琦

一架扶疏碧水浔，午凉不散绿云深。

芳香未让醍醐美，秀色全滋薜荔阴。

紫玉含风秋液冷，玄珠入夜月华侵。

莫言西域传来晚，犹及相如赋上林。

清源风景诗八首（节选）

【清】路宜中

（一）

葡萄叠架势绵延，屠贾沟东马峪前。

行尽山村频举首，绿阴冉冉不知天。

（二）

汾水一方故梗阳，男耕女织总农桑。

年年稼事勤于昔，想见唐风第一章。

（三）

东湖之水绿如油，半映青山半映楼。

比似西湖歌舞好，荷花满池一渔舟。

（四）

梗阳城下涌芹泉，一水涟漪数顷田。

不道秋闱文有价，年年预卜并头莲。

（五）

中隐山中古寺藏，棘轩腾事委沧桑。

几人载酒寻花去，直把仙乡作醉乡。

（六）

沿山一带尽桃园，灼灼夭夭嫩日暄。

两岸缤纷舟一叶，此身恍到武陵源。

（七）

石洞訚然问牧人，香岩佛像本来神。

只因觉世婆心苦，不现金身现石身。

（八）

居民盘井复耕田，古帝遗成话昔年。

不识不知忘帝力，熙熙依旧乐尧天。

葡萄

【清】吴伟业

百斛明珠富，清阴翠幕张。

晓悬愁欲坠，露摘爱先尝。

色映金盘果，香流玉碗浆。

不劳葱岭使，常得进君王。

咏清源葡萄

【民国】续思文[①]

边山无树不摇钱，[②]更有葡萄架满天。[③]

六月不知炎热苦，人人都是小神仙。

①民国时期任清源县县长。

②边山是清徐的经济区，除水果外还有花椒、香椿、枣、核桃、玫瑰等树木。

③古时边山的葡萄是大棚软架，村连村，户连户，大道小道都在葡萄架下面，抬头先见葡萄后见天。

十四、元朝时马可·波罗行记太原府国

马可·波罗1275年来到中国，在太原清徐看到葡萄、葡萄酒，甚是喜爱。

江苏文艺出版社出版的《马可·波罗行记》第一〇六章《太原府国》中记载："自涿州首途，行此乃十日毕，抵一国，名太原府。所至之都城甚壮丽，与国同名，工商颇盛，盖君主军队必要之武装多在此城制造也。其地种植不少最美之葡萄园，酿葡萄酒甚饶，契丹全境只有此地出产葡萄酒，亦种桑养蚕，产丝甚多。"①

马可·波罗是经过大同来到太原，元代时的太原都城繁华，工商业兴盛，有军队，有制造武器器具，更有不少最美好的葡萄园，酿制的葡萄酒也很好喝，再加上史料记载元代是我国葡萄酒的鼎盛时期，这些足以说明清徐葡萄、葡萄酒是当时葡萄、葡萄酒的代表，也是中国葡萄酒的代表，并深得人们喜爱。

引自《马可·波罗行记》

陶罐 清徐葡萄文化博物馆藏

意大利旅行家马可·波罗塑像
清徐葡萄文化博物馆藏

①马可·波罗：《马可·波罗行记》，江苏文艺出版社，2008年，226页。

十五、元朝白兰地酒与烧酒

《本草纲目》第二十五卷谷部葡萄酒中记述："葡萄酒有二样：酿成者味佳，有如烧酒法者有大毒。……烧者，取葡萄数十斤，同大曲酿酢，取入甑蒸之，以器承其滴露，红色可爱。"①

这里讲的是葡萄酿制的酒有两样，一种是发酵酿制的酒，其味佳，即现在的红葡萄酒、白葡萄酒。另一种指的是发酵后经蒸烧制成的酒，酒精度太高，即现在的白兰地酒。烧制时，取葡萄几十斤，加麯发酵，酿成后，装入甑蒸之，以冷却器接其滴露，成酒，色质为红色。

蒸白兰地冷却器
清徐葡萄文化博物馆藏

《本草纲目》第二十五卷"谷部"中记述："烧酒非古法也，自元时始创其法。用浓酒和糟入甑蒸令气上，用器承取滴露。凡酸坏之酒，皆可蒸烧。"②其大意是：烧酒不是古老的方法，从元朝开始创用，制作的方法是用浓酒（液态酒）和糟也就是酒醅（固态法），入甑蒸令气上，用冷彻器滴露，冷却取酒，凡是发酵不好或发酵过时发酸的酒同可蒸烧成蒸馏酒（白兰地或白酒）。

《本草纲目》讲述，烧酒也就是蒸馏白酒，是从元朝开始运用，再早没有这个工艺，它同白兰地工艺同时出现，也就是公元1206-1368年之间。

古代文章中用字精炼、简洁，但寓意深厚。就烧酒而言，用于名词指蒸烧成的酒，旧时的烧锅人们通常指烧酒的酒坊，烧酒用于动词指正在蒸馏酒，还可以理解为给酒加温，即烫酒、煮酒、温酒。

---

①李时珍：《本草纲目》，黑龙江科学技术出版社，2011年，560页。
②李时珍：《本草纲目》，黑龙江科学技术出版社，2011年，559页。

十六、古时的浊酒

"浊酒"两字概括面广，其"浊"字为形容词，字面可理解为不清澈、浑浊，也就是不清澈、浑浊的酒。浊酒一般指发酵后没有经加工处理的酒。旧时米酒、液态粮食酒及各种水果酒都没有过滤，统称为浊酒。旧时最初发酵成的酒，从现代酿酒技术来说是半成品，但可以直接饮用，古时即用来饮用。浊酒在现在葡萄酒工艺中，通常也叫酒足（沉淀物），不好分离。

中国酒文化历史悠久而博大，《唐书》记载："葡萄作酒法，总收取子汁煮之自成酒，蘡薁，山葡萄并堪为酒。"这种葡萄酒生产中的"煮"字是动词时，本意是煮炼、浓缩，提高葡萄酒品质。"煮"字是形容词时，煮葡萄汁即煮过的葡萄汁，是灭过菌的葡萄汁，这一个"煮"字就有两层意思。

笔者认为运用古代酿酒典故翻译诗语，要以文字和酿酒工艺相结合，不能以字面意思论酒，应当结合文字与工艺，联系当时的时代背景、历史阶段、客观规律，进行解译，这就容易讲清古典词语的真正寓意。

爵（现代品）清徐葡萄文化博物馆藏

鸟尊（现代品）清徐葡萄文化博物馆藏

十七、历史上三次限贡太原清徐葡萄酒

太原清徐葡萄与葡萄酒，在三国时，曹丕就给予很高的评价，此后的各个朝代都以拥有清徐葡萄酒为荣。但在历史变革过程中，有的朝代为减轻百姓负担，曾经有三次下令限贡或停贡太原清徐上贡的葡萄酒。

第一次限贡。据《册府元龟》记载，"唐朝文宗开成元年十二月（837年），敕河东每年进蒲萄酒，西川进春酒，并宜停三年六月，诸道征镇各奏准诏，停进奉以放贫下户租税。"[1]

第二次限贡。据《山西通史大事编年》记载，元朝成宗元贞二年（1296年）三月，罢太原平阳路酿进贡葡萄酒，其葡萄园民恃为业者，皆还之。[2]

第三次限贡。据《植物名实图考长编》记载，明朝洪武六年（1373年），明洪武六年之前太原岁进葡萄酒，至六年间，太祖谓省臣曰，朕饮酒不多，太原岁进葡萄酒自今令其勿进。[3]

葡萄、葡萄酒在历朝历代都是必不可少的水果和饮品，但在自然灾害时，清徐葡农收入困难，当朝旨令停贡或限贡，以减轻葡农负担。

---

① 王钦若：《册府元龟》，中华书局，1960 年，2028 页。

② 刘泽民：《山西通史大事编年》，山西古籍出版社，1997 年，927 页。

③ 吴其濬：《植物名实图考长编》，中华书局，2018 年，817 页。

十八、清徐葡萄地水利遗产

清徐西边山上古老的葡萄地土壤大部分是沙砾土质，而且有不少是半坡地或山上鱼鳞坑地，沙砾土质虽不利于保水保茬，但对葡萄生长却十分有利。清徐的西边山葡萄地处在北纬37.6度，海拔800米左右，四季分明，是世界公认的北纬38°葡萄生长地带。也正因为

百年铁箍制成的地球仪黄金38°葡萄酒产区分布图
清徐葡萄文化博物馆藏

这种独特的气候和土质优势，清徐的葡萄种植才能从7000年前一直延续至今。为了更好满足葡萄的生长需要，保证葡萄连年丰收，古人很早便在清徐西边山葡萄产区内修建了很多适宜葡萄灌溉所用的水利设施。这些水利设施数量多，类型不同，从远古留传下来，很有地方特色，有许多灌溉设施至今仍在发挥着作用。

清徐西边山葡萄灌溉水利设施遗产分为四大类，水井、水巷、水括儿、上水道或引河水道共有240余处，这四种设施位置不同，设施种类不同，使用方法不同，各具特征。在清徐西边山前山上的葡萄地中是用水括儿集水浇地，在西边山半坡山地的葡萄地是用上水道浇地，平川葡萄地是用水巷自流水或水井浇地。引白石河水浇地，这些水利设施既保证了葡萄地的用水量，又满足了葡乡民众的生活用水量，有一定的历史价值、科学价值、文化价值，是清徐葡萄历史文化的一个重要组成部分。

1. 水利设施文字记载

清徐葡萄文化博物馆收集到的水利设施文字资料有买卖水巷、水井使用权的水契，有租赁水巷、水井的契约。

水井、水巷契约，是研究中国近代股份制水权的珍贵历史资料，资料反映了当地用水的真实情况，葡农在一口水井或一口水巷中的股份和整个股份的具体划分，特别是通过官府认可水的使用权，是清徐近代水使用权的完整史料，是我国水权交易难得的真实资料。

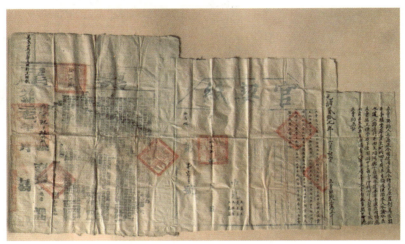

卖万家夥井契约（1901 年） 清徐葡萄文化博物馆藏

立卖契约人王宪正，因使用不足，今将自己原置①到万家伙井②壹眼坐落卖主地内，四日有半日轮流使用，木人、水盆、水屈、③水道、人路通行，并西大堰河与言明开水道壹条壹并在内情愿出卖与王德崇名下使用，同中言明，卖价钱四仟文整，当日交钱约两不欠，此井日后倘有人等争碍，卖主一面承当，恐口无凭立卖约为证。

中见人 王宪兼 袁来多 王维藩 王宪蔚

光绪二十七年

西马峪第壹百七十三号

---

① 原购买到的。

② 水井名称。

③ 水井的随同用具。

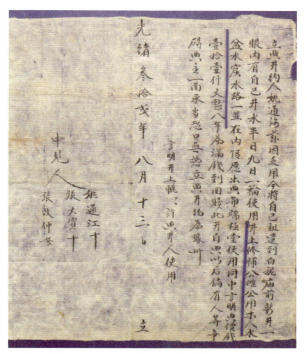

典新井水契约（1906 年） 清徐葡萄文化博物馆藏

立典井约人姚通海，兹因乏用，今将自己祖遗到白龙庙前新井①一眼，内有自己井水半日，九日一轮使用，井上修补公摊，公用木人水盆水窖水路一并在内，情愿出典与端极堂②使用，同中言明，典价钱壹拾壹仟文整，八年为满，钱到回赎，③此井自典以后倘有人等争碍，典主一面承当，恐口无凭立典中井约为据。

言明井上辘轳许典井人使用。

光绪叁拾贰年八月十三日

中见人 姚通江 张大宝 张效仲 书

---

① 白龙庙前第二口井。

② 商铺名称。

③ 八年后钱还到，井回赎本人。

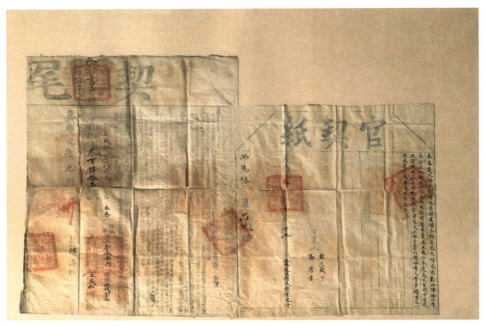

卖天顺水巷契约（1796 年） 清徐葡萄文化博物馆藏

　　立永远死契人^①闫有元，自因乏用，今将自己天顺水巷贰拾肆抽伍厘^②叁拾伍分^③轮流用水，今将死契情愿出与王威仁永远为死业，同中言定死价钱壹拾柒千整，其钱当日交足，此水自卖以后倘有人等争碍，有元一面承当，恐后无凭死契存照。

　　中见人韩大威　郭彦书

　　嘉庆元年九月二十七日　　立永远死契人　闫有元^④　　西马峪　税银伍钱壹分^⑤

---

①不能回赎的契约。

②第二十四份中的一半。

③共三十五分轮流用水。

④签字画押。

⑤契税印花税。

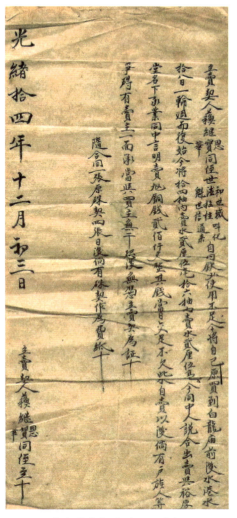

卖水巷水契约（1888 年）
清徐葡萄文化博物馆藏

立卖契人苏继思、苏继宝、苏继华，同侄世和、世德、世魁、世城、世信、拉柱、叫化、通来，自因缺少使用不足，今将自己原买到白龙庙前后水港①水，拾八日一轮周而复始，今将拾四抽内卖水二厘伍毫②拾六抽内卖水二厘伍毫③，今同中人说合出卖与裕厚堂④名下承业，同中言明卖价铜钱贰佰仟文整，其钱当日交足不欠，此水自卖以后倘有户族人等争碍，有卖主一面承当，与买主无干，恐后无凭立卖契证。

随合同一张原砵契四张日后倘有砵契作为费纸。

光绪拾四年十二月初三日

立卖契人 苏继思 苏继宝 苏继华同侄

①水巷。
②十八天一轮，第十四天四分之一天。
③第十六天 四分之一天。
④商铺名称。

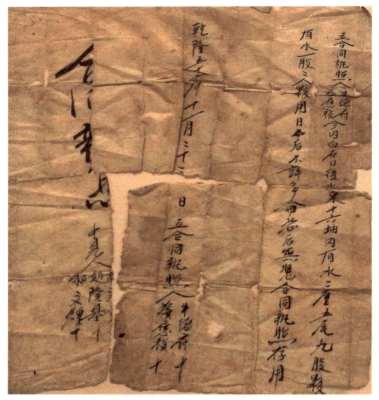

分水合同（1791 年） 清徐葡萄文化博物馆藏

　　立合同执照人①牛德府、苏应祯，今因白石口后水泉十六抽内有水二厘五毫，②九股伙有水③一股二人伙用，④日后不许争论，恐后无凭，合同执照存用。

乾隆五十六年十一月二十二日

　　立合同执照人 牛德府 苏应祯　　　中见人 赵隆基 郝文煌

---

①分水合同执照。

②第十六份内有水贰厘伍毫（四分之一）。

③贰厘伍毫（四分之一）是九股伙用水。

④其中的一股水份二人伙用。

2. 水利设施水巷

关于仁义村白龙庙水巷，民间流传着白龙庙水巷与本村代家沟水井贯通的故事。据老人们讲，代家沟水井旧时是筒式煤窑，三码到底[①]，在采煤时挖出了水，水量很大，三四十人都淹在水中，后来人们就将煤窑变成水井，也称代家沟水井。旧时从代家沟水井修暗水

仁义村白龙庙水巷水　王计平摄

巷引水到白龙庙前，人们称白龙庙水巷。在 20 世纪 60 年代，山西省水利厅在代家沟水井试装了当时最先进的对口水泵抽水浇葡萄地。后来发现代家沟水井抽水时间越长，白龙庙水巷的水就越小，说明了白龙庙水巷和代家沟水井贯通相连。天旱时，村民们在白石河中修跨河水道，仁义村、东马峪村、西关村都能用白龙庙水巷的水，60 年代中期白龙庙水巷水全部归仁义村所使用。水巷水至今水流不断，既能灌溉葡萄地及农田，也方便村民生活用水。

东马峪自流井　王计平摄

平泉自流井　王计平摄

①三层三台阶提煤。

东马峪村原有 2 个水巷，上园水巷、观音堂水巷，20 世纪 60 年代还修有流水道供村民洗衣服浇地，后来随着村庄建设，水巷年久失修，水巷水断流。1974 年，东马峪村在无梁殿（香岩寺）沟口打了一眼深井，水量很大，一连三个月抽水，水位不降。经过地形测量，在本村赵家院前面葡萄地边开口挖自流井，水井水可自流。在村领导和群众的共同努力下，当年挖通自流井，水量很大，直到现在水流不断，村民们每天洗衣服、浇灌葡萄和农田，十分方便。

平泉村于 1974 年打出一口自流井，水量也特别大，后怕影响了晋祠泉水便堵井封口，结果没有堵成，现在井水仍然没断流，一直供本村浇地使用，用不完的水直流清泉湖。

其余还有西马峪村的自流水巷水，东梁泉村的自流水巷水，西梁泉村的自流水巷水，平泉村的自流水，至今水流不断，供人们农业生产和生活用水。

西马峪水巷水　王计平摄

东梁泉水巷水　王计平摄

平泉不老泉　王计平摄

3. 水利设施水括儿

在清徐西边山前山上有专门浇葡萄地的水括儿，水括儿是收集山间的小溪常流水，因溪水不大，不能直接灌溉，把小溪水收集到水括儿中，每天放水一次就可以浇几块葡萄地，基本能满足沟沟叉叉上的葡萄地用水。

如黄土坡村有 15 个水括儿：旺里沟水括儿、大石头水括儿、后口儿上水括儿、前口儿上水括儿、东里沟水括儿、东沟里水括儿、井儿上水括儿、

黄土坡葡萄地口儿上水括儿 王计平摄　　　　大石头水括儿 王计平摄

杏旺沟水括儿、天顺窑沟水括儿、阳坡里水括儿、大旺里水括儿、出土坡水括儿、半当中水括儿、张括儿地2个水括儿。

李家楼村有14个水括儿：在轩窑沟有水括儿3个、黄花沟有水括儿3个、圪垯上水括儿、牛家坟水括儿、石片儿沟水括儿、张头起水括儿、郭家沟水括儿、崖轩沟水括儿、代家沟水括儿、桃坡沟水括儿。

李家楼代家沟葡萄地水括儿 王计平摄　　　李家楼黄花沟葡萄地水括儿 王计平摄

其他各村都有数量不等的水括儿，这些都是灌溉葡萄地专用的水利设施，从上古开始人们充分利用自然条件种植葡萄，合理利用地理优势解决对葡萄的灌溉问题，这些水括儿有的至今一直在使用。在调查中发现，葡萄地中的水括儿依然有用水浇地股份，比如李家楼代家沟葡萄地中的水括儿是三大股，即三天一轮，有一天是三小股，这天的水三家分开浇葡萄地。

4. 水利设施水井

清徐西边山是洪积扇区，地下水位高，史上留下不少的水井，但凿井时间不详，这些水井在天旱时保证了西边山葡萄等经济农作物的生长。仅仁义村就有14眼用于浇地的水井，这些水井一般深度在12米左右，最深的井有17~18米。旧时仁义村有代家沟水井、十层窑水井、吴家沟上水井、吴家沟下水井、张家门口水井2眼、丁家书房后水井、吴家院水井、圐圙里水井、广家地水井、王家地水井、白龙庙水井、新房水井、李家街水井，这些水井都在葡萄架下面。每逢天旱时，架起辘轳即可打水浇葡萄地。

葡萄地专用水井辘轳
清徐葡萄文化博物馆藏

在20世纪90年代前，仁义村村民还在圐圙水井和张家门前水井取生活水，直到后来安装上自来水才停止使用水井打水。其他各村也一样，虽水井数量不一，但基本能满足各村天旱时葡萄地用水及生活用水，葡萄地中的水井，随时可以浇葡萄地。新中国成立后，这些水井安装上水车，后来用上立杆泵、深井水泵、较先进的对口泵，发展到现在使用的全部是潜水泵提水，满足葡萄地浇地用水。

仁义村圐圙水井 王计平摄

仁义村代家沟水井 王计平摄

5. 水利设施上水道

民间传说，早在汉朝时，汉文帝刘恒在代国晋阳时，马鸣山是汉文帝的养马场，汉文帝爱惜马，经常来马鸣山放马、吃葡萄，有几年连续遇大旱，眼看葡萄要旱死，汉文帝刘恒召当地官员指挥民众在西边山黑鸡心葡萄地上面修上水道，在白石沟内庄儿上（李家楼）吃水，修盘山水道（当时叫上水道），上水道经仁义村、东马峪村一直流到西马峪村郭家河，只要白石河有水上水道就有水，十分方便。上水道使西边山几千亩葡萄地用上白石河的河水，从此以后上水道浇上的葡萄地年年丰收。

清徐西边山浇葡萄地上水道　　　　　清徐西边山浇葡萄地上水道石头滴水令儿
王计平摄　　　　　　　　　　　　　清徐葡萄文化博物馆藏

6. 水利设施官堰水渠

官堰水渠在吴家沟上面的白石沟内吃水，沿官堰流到村南石桥分水，一边浇仁义村山底南园子的葡萄地和其它果树，一边浇东马峪村的葡萄地和其它树地，一直浇到六合村村边。因为浇地分水，仁义村、东马峪村两村时不时发生纠纷，打架拌嘴，有几次还惊动官府。再一个是垯垅堰吃水口，在白石河中间吃水，经过垯垅堰下面预留的进水口进入垯垅堰内，可以浇仁义村、西关村一带的葡萄地及果树菜地，一直浇到县城北边。

十九、清源水城

清徐古名梗阳，公元前 514 年设县，在设县以前很长的一段时间，这里是一马平川，西面山上的白石沟坐西朝东，沟中水流成河，叫白石河，白石河是一条季节河，河道又深又陡，每年一到雨季，河流又急又猛，一直向东流入汾河。

白石河河水中石头、泥土、沙子太多，急流猛冲，日积月累形成一条高大的梗堰，后来河水改道，从梗堰的北边流入汾河，梗堰南面背风向阳，再加上西山挡风，形成风水宝地梗阳。

据《左传》记载，昭公二十八年（公元前 514 年）秋，魏献子为政，分祁氏之田为七县，分羊舌氏之田为三县，魏戊为梗阳大夫，在此设立梗阳县。[①]

人往高处走，水往低处流。随着历史的发展，白石河多次改道，一段时间从北流，人们叫北河。一段时间从南流，人们叫南河。从中间流一股河水，人们叫当中河、西门河。在其他地方漫流叫马峪小河、白龙庙小河。旧时清源县城西边道路较高，土地较低，道路都是白石河河床，是河水改道后，自然形成的道路。

有资料记载，白石河最大洪峰 160m³/秒，多年来，白石河自行改道，放任自流，河床越淤越高，县城越来越低，清源水城的水源主要来自白石河，白石河水顺沙土下渗到城池地下，在县城中涌出大小不等的水池，池中种上藕节，人们都叫莲花池，较深的水洞叫水莲洞，池洞相连形成湖畔。清源县城有大小不等的十余个莲花池，清源水城自然形成。"城外青山城内湖，荷花万朵柳千株。太汾风景少颜色，唯有清源入画图。"

---

① 《左传》，岳麓书社出版，1988 年，356 页。

顺治清源县志中记载了王象极写的《清湖十景诗》①：

湖楼

危楼百尺醮湖烟，坐对山光色更妍。

倒榭落晖明绣浦，印潭秋月挂雕檐。

槛前荡漾浑无地，窗外苍茫别有天。

之手披云狂兴发，星辰摘向斗牛边。

湖雨

何事烟波四望迷，清秋湖上雨凄凄。

玉盘剩有千城逊，花案浑无一鸟啼。

叠浪风中和雾立，青峰天际与云齐。

来披蓑笠闲垂钓，归棹兰桡不怕泥。

湖树

我来隔水看图画，几带晴烟锁绿丛。

树树鸢栖明镜里，枝枝龙绕碧云中。

杨花暖落三冬雪，柳浪寒生六月风。

得意忘言尘世外，情知五柳是陶公。

湖城

城居何必羡幽栖，亦有林泉亦有溪。

万顷鳞波皆断案，四围雉堞是长堤。

爨烟幕起多飞北，陴日朝穿半落西。

最喜夜游奇绝处，巡锣击柝不曾迷。

湖草

占得清湖未是贫，萋萋湖草满湖滨。

---

① 安捷：《太原古县志集全》，三晋出版社，2012 年，1474 页。

绿萍香暖晴偏艳，青芥泉深晓更新。

春色连天浑是碧，芳姿映水迥无尘。

舟游不作蓬蒿客，坐揽中洲宿莽频。

湖鸟

寂寞中湖只自知，却教好鸟弄幽奇。

雄雌泛泛求良友，黄白飞飞点绿漪。

宝鉴流光开熠耀，碧天云影漾差池。

间关水上频来往，见我忘机亦自怡。

湖鱼

当年传说养鱼池，为问池鱼尚有之。

晓是凌波衔落蕊，夜闻饮月跃流漪。

继横大壑非无意，游泳清溪似待时。

水面浮萍堪果腹，渔人芳饵漫相欺。

湖山

湖山壁立倩谁开，千丈芙蓉五里来。

石镜涵光邀水镜，玉台倒影傍歌台。

卧看天际青虹远，醉作池前碧嶂猜。

胜地不须他处觅，梗阳城里有蓬莱。

湖月

停杯搔首问婵娟，几度清光几度圆。

影落湖中深见底，人于舟上俯观天。

玉壶春满烟波冷，桂宇香飘衣带鲜。

三五佳期休错过，会须畅饮月明前。

湖舟

欲济苍生何所操，影娥池上一鸿毛。

鸭头绿酒葡萄熟，鹢首青天碧落高。

雪浪时来王子兴，渐波剩有鄂君豪。

此中真意无心得，日日孤蓬弄短篙。

白石河的水含腐殖质多是肥水，水质稍有点碱，是表层阳水，流到哪里，哪里的庄稼长得好，因此修上水道，修官堰，引水浇地，很适宜葡萄、果木、蔬菜灌溉，生长，但有时白石河的水灾也给清源县城带来安全隐患。

据《清源县志》记载："白石堰在城西一带依仗白石河，每年霖雨水泛滥，直啮城垣。洪武二十四年（1391 年）主管杨克俭申准筑石坝，东西长二里，宽二丈五尺，高一丈五尺。弘治十二年（1499 年）知县仝进、李景先继修岁以为例。顺治十八年（1661 年）於城西北隅俗名吊桥河复筑土堤二百八十丈，遇河涨，城关派夫堵筑，惟迤西石壩，西关独任此，处南北两河径流之所至平泉，北营界，南至两啮村，北村界，石堰土堰随地随修，劳费滋甚。"[①]

这里记载的 1391 年筑的石坝是西关村中的后头堰，也有叫白石堰。原先西关村都住在后头堰以东，村庄比较安全。到 1661 年在县城西北，西关吊桥旁复筑土堤二百八十丈，以保县城北部安全。

清光绪壬午年（1882 年）知县补筑县城西五里的壤垅堰，确保清源县城的安全，使得白石河分为南河、北河。后来逐年在南河以下又修筑亿层堰、杏林只堰、西阳堰。在北河修筑果林只堰、西关堰、北关堰。

西关吊桥遗址 王计平摄

---

①安捷：《太原古县志集全》，三晋出版社，2012 年，1439 页。

在垛垅堰里，淤沙土河水冲击而成的肥沃土质成田后成为清源生长葡萄、果树、蔬菜的千亩良田，再加上有白石河河水浇灌和西边山的小气候，形成清源葡果蔬菜独特产区，古人云，"头张兰，二晋祠，不如清源的烂菜市"，清源葡果蔬菜在晋中一带很有名气，上市早，品质好。

垛垅堰是八字形的石头堰，根基看不到，堰高4米，宽3米，全部采用仁义村山上一米左右的开山石垒筑，用米汤白炭之混土灌浆，非常牢固。

白石沟是晋中通往陕北的通道，也是晋西北、吕梁市方山县、岚县、娄烦县、古交市百姓来清源赶集购物的通道。据老人们讲，每年冬季，从白石河赶毛驴驮山货到清源赶集交易的客商，白天黑夜不间断，再加上到白石沟煤窑拉煤的车辆通往县城的主要大道，一到冬季，白石河结冰，上下垛垅堰是马车最难走的地段。

垛垅堰中清徐露酒厂葡萄园 武学忠摄

1955年，政府对白石南河垛垅堰到亿层堰一段进行修筑加固，使垛垅堰以内的葡萄树、果木树、菜田得以保护，使新建的清徐露酒厂和清徐县城也更加安全。

民国时，清源举人路宜中写到白石河："磷磷皓皓石羕羕，白石山中白石河。河水出山分南北，南条竟比北条多。"白石河是清源水城的母亲河。1967年，政府决定将白石河并道北河，修堰堵住南河，从此白石河河水从北河一直流入汾河。

山西省清徐葡萄酒有限公司就坐落在白石南河上，生产经营清徐葡萄酒、炼白葡萄酒、马峪白酒，用优质的白石河水酿出优质的酒。

二十、葡萄图纹装饰

　　古时葡萄为果中珍果，其枝叶茂盛，果实圆润饱满，深受民众的喜爱，从而很多器物以葡萄为图案。葡萄图纹寓意丰富，有多子多孙、多子多福、岁岁平安、步步高升之意。如元青花开光葡萄罐、永乐青花折枝葡萄纹大盘、成化青花葡萄纹高足碗、弘治松鼠葡萄纹碗。清徐葡萄文化博物馆从当地收集到明代早期的5件青花瓷葡萄碗，经专家考证，有很高的艺术价值和历史价值。5件青花葡萄碗都是在清徐西边山葡萄产区收集到的，同时还收到带有葡萄图案的茶壶和墙上的挂毯，这些说明清徐葡乡民众自古就有种葡萄、吃葡萄的历史，对葡萄有一种情有独钟的喜爱之情。古时建筑上葡萄纹浮雕很多，从建于北魏的大同云冈石窟、大同九龙壁，到山西各地晋商宅院，特别是清徐地区的木雕、砖雕、石雕上都有葡萄的图案，

明代早期葡萄青花瓷碗
清徐葡萄文化博物馆藏

葡萄塔 清徐葡萄
文化博物馆藏

葡萄瓶 清徐葡萄
文化博物馆藏

葡萄茶壶 清徐葡萄文化博物馆藏

水果茶壶 清徐葡萄文化博物馆藏

葡萄纹有的被刻在房屋门庭檐框上，有的绘在寺庙墙壁上，葡纹精致，代表吉祥，同时也展现出葡萄的魅力。在清徐西边山都沟村有座石雕贞节牌坊，其中有葡萄与书的图案，寓意为葡萄文化；另有葡萄与钱串的图案，寓意为串串葡萄，财富万千。

葡萄石雕（都沟村贞节牌坊）王计平摄

仁义村姚宅葡萄墙（美锦集团创始人）
王计平摄

葡萄木雕（清源）武学忠摄

葡萄砖雕（清徐宝梵寺）武学忠摄

葡萄挂毯 清徐葡萄文化博物馆藏

二十一、清朝、民国时期葡萄地契解析

我国是一个有 5000 年历史的文明大国，但历代对葡萄属植物栽培品种分类的文献很少，有关资料记载，我国从近五六十年对清徐葡萄属分类研究才提速发展，有关葡萄种植的技术资料得以详细叙述、总结出版。对本土葡萄、葡萄酒历史文化研究更少，西方葡萄种植、葡萄酒文化在我国传播盛行，本土的葡萄、葡萄酒文化没有形成自己的体系、自己的特色，近年来随着中央电视台等媒体的报道介绍，人们逐步对我国葡萄、葡萄酒有了新的认识。

清徐是我国葡萄种植栽培的老产区，从清朝、民国时期流传下来不少关于葡萄地买卖租赁的地契，十分罕见，也非常珍贵，反映了一个地方、一个历史时期的农业经济发展状况。这些葡萄地的契约，分官契和民契，如此翔实的原始文献对研究中国葡萄、葡萄酒发展历史有一定的作用。

清徐葡萄文化博物馆收集的葡萄地契约最早的是乾隆五十年左右，距今 240 余年。

契约全部用宣纸或麻纸书写或印刷而成，其中地契、租契、典契为手写，契尾是印刷并加盖有官印。从这些契约能反映出当时清徐葡萄土地的状况和经济价值，反映出清徐葡萄种植加工的历史，对研究清民时期清徐葡萄历史文化有一定的价值。

清民时期清徐葡萄地契的土地变动，是当时清徐西边山葡萄产区的土地交易和产权变动，是中国葡农正常经济活动和行为的典型记录，是研究清徐地区葡萄文化发展的重要历史档案。

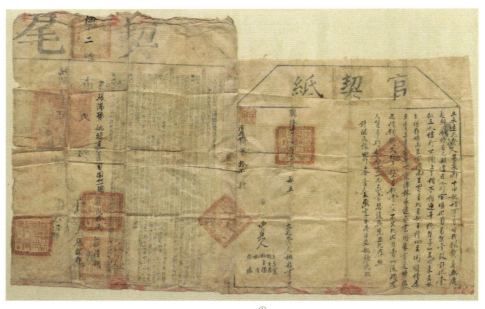

卖葡萄地契约（仁义村）官契纸① 清徐葡萄文化博物馆藏

①官契也叫红契，备案增税。

立永远死契①人平泉都十甲②姚福亨，自因钱粮紧急无处起办，今将自己祖遗③原分到官堰地④葡萄架壹段，计地壹亩五分，楼行不开⑤，上下树木相连⑥，苇绳架子⑦一并在内，东至姚玉德伙堰，西至官堰，南至买主，北至姚玉德，四至开明，情愿出卖于平泉都一甲张满栋，永远承业，同众言定时值死价⑧铜钱贰拾千整，其钱当交不欠，此地自卖以后倘有人等争碍⑨，姚福亨一面承当，恐后无凭，立此存照。

计随民粮四升五合盒食画字⑩不老千文姚　张氏收　乾隆五拾二年三月初五日

立死契人　姚福亨

中见人　王其宽　姚玉发　姚玉德　姚周　张磷

清源城村第拾染号　税银陆千⑪

---

①永远死契，指不能回赎的契约。

②清顺治八年清源县志记载清源县分二十八都，五大都二十三小都。清光绪壬午年清源乡志记载附市镇，旧志分二十八都，康熙间载并为十六都，四大都，十二小都，分七十二个村。平泉都是一个小都，十户为一甲。

③祖上遗留下分到的。

④指官方筑堰引白石河流水的渠堰。

⑤楼指木土制的房子。行指引路。不开是没有。地内没有房屋和行路。

⑥上树木地指地中的大树，如枣树等。下树木指葡萄树，相连一并在内。

⑦架葡萄用芦苇编制的绳子和地中木柱或石柱。

⑧根据当时价值所定不反悔的价格。

⑨有人出来相争或阻碍。

⑩盒食画字，指大伙吃了一顿饭后签字画押。

⑪契税印花税。

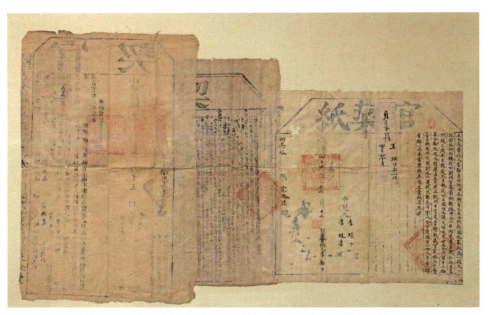

卖葡萄地和水巷水份契约（西马峪村）官契纸 清徐葡萄文化博物馆藏

　　立永远卖约人李郁，自因缺用，今将自己分到新园地贰段南一段北一段计地捌亩，楼行不开，内有葡萄树架蔓、井分一并相连①，东至闫仁、西至袁闫赵三处，南至杨处、北至杨处，四至开明，又随天顺水巷卅五分内有十二抽半分②轮流使水，情愿出卖与王钦，同中言定③卖价钱贰佰贰拾伍千整，当日钱契两交，随到地内夏秋民粮叁斗另捌合④，日后倘有一切人等争碍，李郁一面承当，恐后无凭，立卖约存照⑤。

　　中见人　李琰

　　李琥　书

　　嘉庆二十四年十二月十二日

　　立卖约人　李郁

　　西马峪　第贰拾陆号

---

①葡萄树架蔓井分一并相连指葡萄地树、架子、苇绳、井巷全部在内。

②西马峪天顺水巷水三十五份内第十二份的半份水。

③同中见人说定。

④夏秋两季公粮叁斗零捌合。

⑤恐怕以后没凭证，立卖约保存对照。

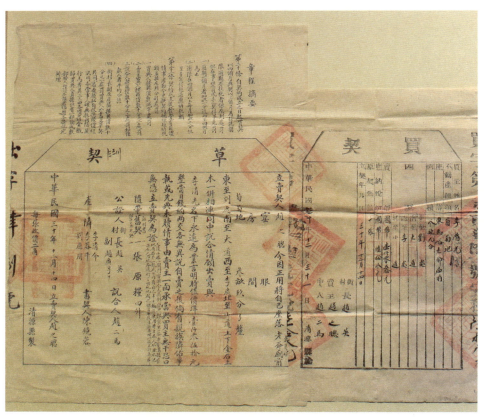

卖葡萄地和水井契约（东马峪村） 清徐葡萄文化博物馆藏

立卖契人赵之聪，今因正用，将自己坐落老爷庙前葡萄地叁亩玖分整，东至刘处，南至大道，西至李处，北至小道，上下金石土木一并相连[①]，同中说合情愿出卖与李清光名下永远为业[②]，言明时值价洋壹仟零伍拾元整，当日钱约两交，各无异说，自卖之后倘有亲族邻佑争执或先典未赎[③]，情事由卖主一面承当，与买主无干，恐口无凭，立卖契为证，又随小庵一间，门窗俱全，又随到原典郭家坐落牛家沟孙家地内伙井壹眼[④]，九日内有自己半日轮流保用，井上木人[⑤]、水盆、水池俱全，人路水路通行，言明此地赵之聪百年后准许再埋，以后不许再葬。

随带旧契一张　原粮四升　证明书一张　郭家典井契一张

公证人　村长赵英　村副赵广亨

说合人　赵二马

产邻　李清介　李春牛　刘应朋

书契人　陈镜蓉

中华民国三十年十二月十四

立卖契人　赵之聪

每张收价二角　清源县制

---

①葡萄地内全部房屋架拉水井份一并相连。

②永远耕种。

③先典未赎：早期赵之聪典到郭家水到期未赎回。

④愿典郭家在本村牛家沟孙家火井一眼（不在本葡萄地内）。

⑤井上提水用的支架。

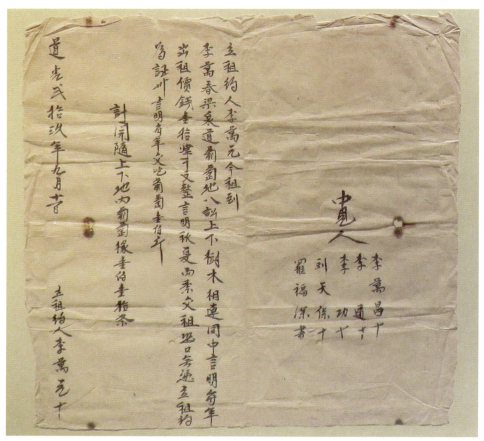

租葡萄地契约（东马峪村）① 清徐葡萄文化博物馆藏

①确定租赁关系的契约。

　　立租约人李万元，今租到李万春梁泉道葡萄地八亩，上下树木相连，同中言明每年出租价钱壹拾肆千文整，言明秋夏两季交租，恐口无凭，立租约为证，言明每年交吃葡萄壹佰斤[②]，计开随上下地内葡萄椽壹佰壹拾条[③]。

　　道光贰拾玖年九月十一日

　　立租约人　李万元

　　中见人　李万昌　李通　李功　刘天保

　　罗福深　书

---

①确定租赁关系的契约。

②每年交给地的主人 100 斤葡萄。

③葡萄椽指葡萄架下面的活动椽子，不是埋架。

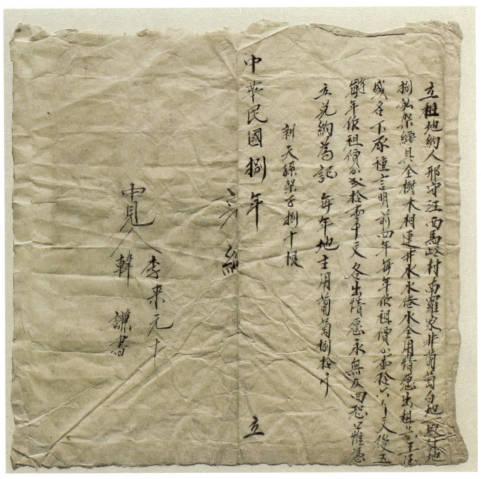

租葡萄地和井水水巷的水契约（东马峪村）清徐葡萄文化博物馆藏

　　立租地约人①邢守汪，西马峪村南罗家井葡萄白地壹段，计地捌亩，架蒌②具全，树木相连，井水、水巷水全用，情愿出租王德盛名下承种，言明前四年每年作租价壹拾陆千文整，后五年每年作租价贰拾壹千文，各出情愿永无反回（悔），恐口无凭，立兑约为证，每年地主用葡萄捌拾斤。

　　新天绿架子捌十根③

　　中华民国捌年立

　　中见人 李来元

　　韩谦 书

---

①出租地约人。

②葡萄地架子和苇绳。

③新添葡萄椽架80根。

立典契约人赵三锁，今因手中乏用不足，今揽自己新园蒲萄
壇地壶塅，計地叁畝，樹木相連，東至小道，西至王廈，南至門處，北至楊廈，
四至具明，同中言礼說合情愿出典與許世蘭名下承種，典價大洋
典主一面承当言明，式於年少外，鸿列回贖地內，棑架葦縷与
盡百元整，当生日鸿約兩交不久，此地至典少后倘有人等争碍，
赳行並不相干，月后贖地架縷，許世蘭經管，恐口無憑，立典約為
記

民國卅捉年十二月廿二日

立约人赵
二锁十
三锁十
五兜十

典葡萄地契约（都沟村）清徐葡萄文化博物馆藏

立典契约人赵二锁、赵三锁、赵五儿，今因手中乏用不足，今将自己新园葡萄坟地①壹段计地叁亩，树木相连，东至小道，西至王处，南至闫处，北至杨处，四至具明，同中言明说合，情愿出典与许世兰名下承种，典作大洋壹佰元整，当日钞约两交不欠，此地至卖以后倘有人等争碍，典主一面承当，言明贰拾年以外钞到回赎②，地内梁架、苇蓑与赵门并不相干③，日后赎地架蓑，许世兰经管恐口无凭，立典约为证。

立约人 赵二锁 赵三锁 赵五儿

民国贰拾年十二月廿二日

①葡萄园有坟地。

②20年以后款到赎回。

③葡萄地内椽架苇绳与赵门无关。

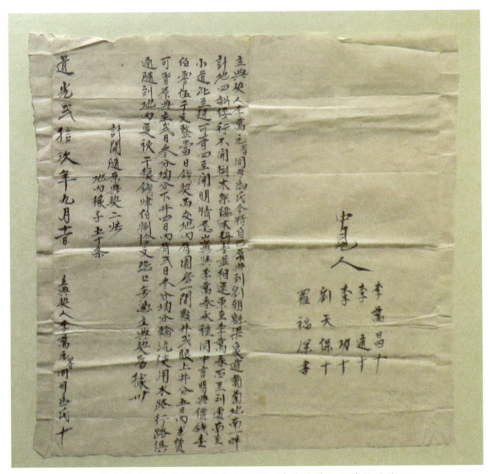

典葡萄地和水井契约（东马峪村）清徐葡萄文化博物馆藏

立典契李万元等同母马氏，今将自己原典到①刘朝魁梁泉道葡萄地南一畔②计地四亩，楼行不开，树木、架蒌、木料一并相连，东至李万春，西至刘处，南至小道，北至赵可晋，四至开明，情愿出典与李万春承种，同中言明典价钱壹佰零伍千文整，当日钱契两交，地内有圈房壹间③、伙井④两眼、上井分五日内先赁，可晋原典主贰日叁分均分⑤，下井四日内有两日叁分均分⑥，轮流使用，水路、行路俱通，随到地内夏秋干粮钱肆佰捌拾文⑦，恐口无凭立典为据，计开随原典契二张，地内椽子五十条，道光贰拾玖年九月十一日。

立典契人　李万元等同母马氏

中见人　李万昌　李达　李功　刘天儒

罗德保　书

---

①用典到的地再典出。

②南一畔柱，葡萄地中以埋架分界，南一半。

③圈房指货房。

④伙井，两家以上合用的井。

⑤五日内第二日的三分之一。

⑥四日内第二日的三分之一。

⑦夏秋民粮典地人出钱肆佰捌拾文。

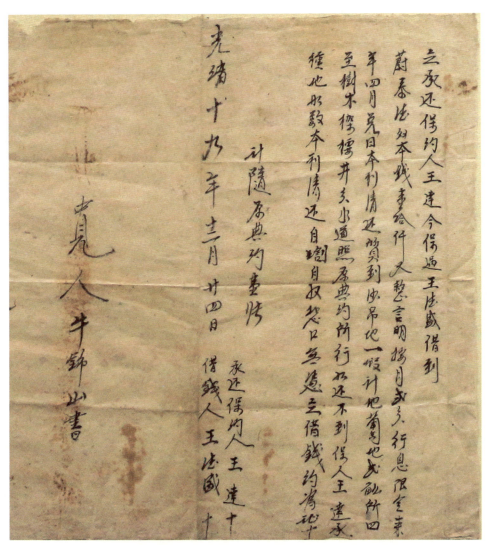

葡萄地抵押借款契约（西马峪村）清徐葡萄文化博物馆藏

立承还保约人①王达，今保过王德盛借到蔚泰德处本钱壹拾千文整，言明按月贰分行息，限定来年四月当日本利清还②，质到沙吊地一段③，计地葡萄地贰亩，所四至树木、架�、井分、水道照原典约所行，如还不到，保人王达承种地如数④本利清还，自割自收⑤，恐口无凭立借钱约为证。

计随原典约壹张

承还保约人　王达

借钱人　王德盛

光绪十九年十二月二十四日

中见人　牛锦山　书

①承担还款保证人。

②还款时本利清还。

③以沙吊地一段做抵押。

④保证人全部承种抵押葡萄地。

⑤保证还清本利后自行交割。

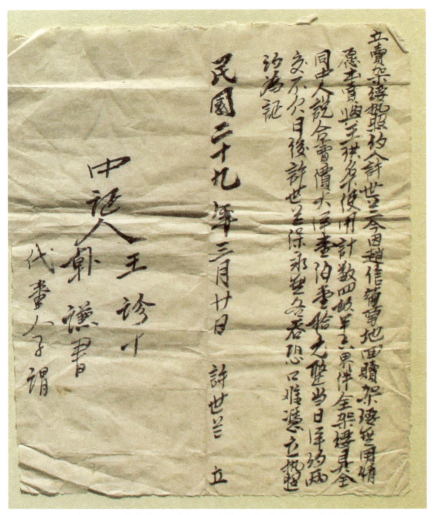

卖苇绳、椽架契约（东马峪村）清徐葡萄文化博物馆藏

　　立卖架葽执照约人[①]许世兰，今因赵信葡萄地回赎架葽无用，情愿出卖与王琪名下使用，计整四亩半、六界伴[②]全架葽俱全，同中人说合卖价大洋壹佰壹拾元，当日洋约两交不欠，日后许世兰保永无各吞[③]，恐口难凭立执照约为证。

　　民国二十九年三月廿日许世兰立

　　中证人　王珍

　　韩谦　书

　　代书人　子谓

---

①卖葡萄地用架椽苇绳证约。

②四亩半地六界畔。

③保证没有其他说法。

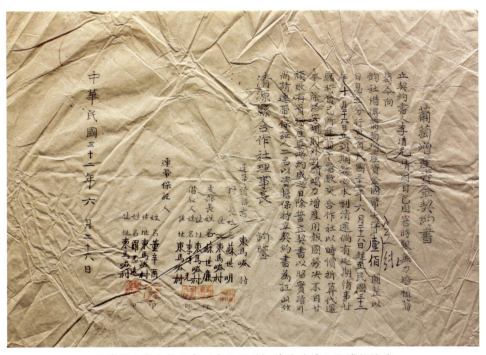

葡萄增产资金契约书（东马峪村）清徐葡萄文化博物馆藏

立契约书人李清光，情因自己困窘时艰，无力培植葡萄，今向钧社①借得葡萄增产资金国币大洋壹佰圆整，以日息三分行息，自民国三十二年六月二十六日起至民国三十二年十月二十六日止到期，务必本利清还，倘有延期，情事甘愿将自己所产葡干悉数交合作社②，以时价折算代还，本人除恪守规则外自愿竭力增产，用报国劳决不自甘颓败，有员增产要略约成之日，除誓立契书以昭实迹外，尚请连带保证人二名以资据保持立业书为证此致。

清源县合作社理事长　钧鉴　连带债务者　东马峪村

村长姓名　苏世明　住址东山峪村　支部长姓名　苏世廉　住址东马峪村

借款人　李清光　住址东马峪村

连带保证人姓名　董辛酉　住址东马峪村　姓名　罗光远　住址东马峪村

中华民国三十二年六月二十六日

---

①社名。

②甘愿将自己所熏的葡萄干如数交给合作社。

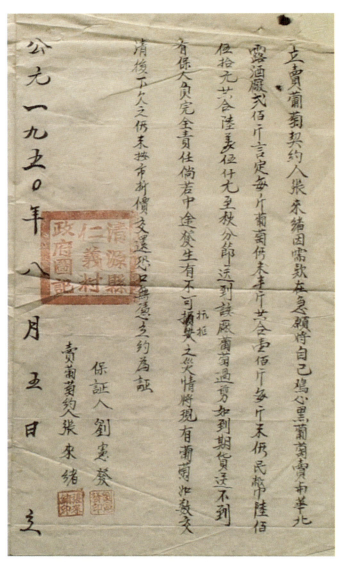

立賣葡萄契約人張來緒因需款在急願將自己鴉心黑葡萄賣與華北
露酒廠贰佰斤言定每斤葡萄價末末壹斤共合壹佰斤每斤末伍民幣陸佰
任拾元共合陸美伍什元至秋分節運到誤廠葡萄過剪如到期貨送不到
育保人員完全責任倘若中途發生有不可損賣之災情將現有葡萄如數交
清後下欠之伍末按市折價交還恐口無憑立此約為証

公元一九五〇年八月五日 立

保証人劉憲癸
賣葡萄約人張來緒

葡萄期货契约（仁义村）清徐葡萄文化博物馆藏

　　立卖葡萄契约人张来绪，因需款在急，原将自己鸡心黑葡萄卖与华北露酒厂①贰佰斤，言定每斤葡萄价米半斤，共合壹佰斤，每斤米价民币陆佰伍拾元，共合陆万伍仟元，至秋分节②送到该厂，葡萄过剪③，如到期货送不到，有保人员完全责任，倘若中途发生有不可抗拒之灾，情将现有葡萄如数交清后，下欠之价米按市折价交还，恐口无凭立约为证。

　　保证人　刘宪发④

　　卖葡萄约人　张来绪

　　公元一九五〇年八月五日立

---

①华北公营酿造公司清源露酒厂。

②9月23日左右。

③剪掉不成熟或腐烂的葡萄，以保证质量。

④刘有生（村长）。

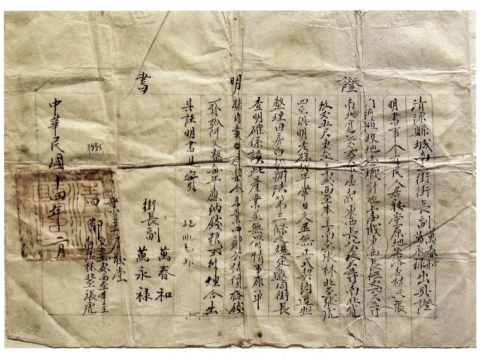

土地证明书（西关村）清徐葡萄文化博物馆藏

　　清源县城南二街街长副万春和、万永禄出具证明书，事今有民人居敬堂①，原地杏林只张门河滩坟地壹段，上壹截东西长伍丈贰尺五寸，南北宽七丈贰尺，下壹截东西长八丈九尺五寸，南北宽九丈伍尺，东至王处，西至本主，南至张林，北至张虎，四至俱明，老硃契②年长日久并无正式契约，遵照整理田房白契办法第三条之规定，邀同街长查明确保该此产业并无昌情事③，原单据内载当集合原业，四邻公估价格钱贰拾千文整，每年应纳钱粮贰升肆合，出具证明书是实。

　　街长副 万春和 万永禄　业主居敬堂

　　四邻东至王处西至本主南至张林北至张虎

　　中华民国十四年二月

---

①居敬堂商铺。

②老官契。

③无差情事。

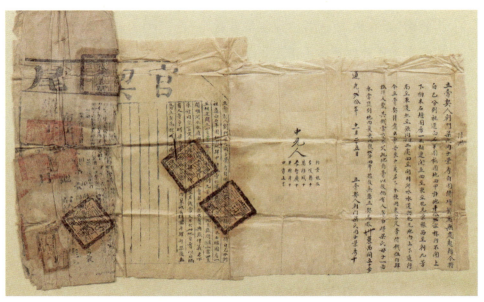

卖桃园地契约（仁义村）清徐葡萄文化博物馆藏

　　立卖契人刘门梁氏同景秀，自因债项紧急^①无处起辨，今将自己分到祖遗白石羊圈桃园地四甲^②计地壹拾贰亩，楼行不开，上下树木，石堰圈房一并相连，开立四至东至胞兄^③景禄，西至刘九芳，南至车道，北至张问达、张问行二处，四至开明，河水水道与胞兄地内上下通行，今立卖契情愿出卖与张仲羲名下承种，同众言定卖价钱伍佰肆拾仟文整，其钱当交不欠，此地自卖以后倘有人等争碍，梁氏母子一面承当，随到地内夏秋民粮贰斗四升，恐后无凭立契为据。

　　东西阔五十步

　　道光贰拾年十一月二十五月

　　立卖契人　刘门梁氏同子景秀

　　中见人　刘景禄　李峻汤　万维城　李智广　牛映斗

　　田贡五　书

---

①债务急迫，不容拖延。

②桃园地四大块。

③东至同母兄长。

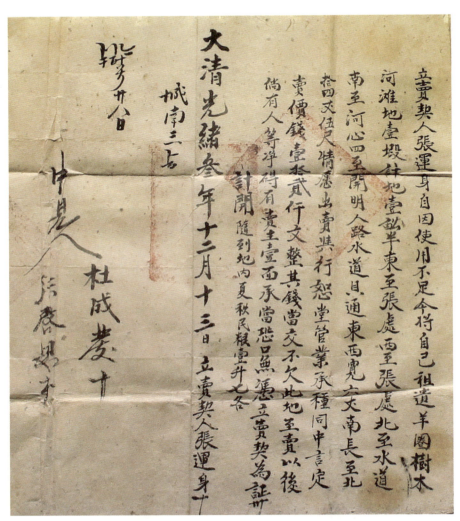

立賣契人張運身自因使用不足今将自己祖遺羊圈樹木

河灘地壹塊併地壹畝半東至張處西至張處北至水道

南至河心四至開明人路水道貝通東西寬六丈南長至北

拾四丈伍尺情愿出賣其樹恕堂管業承種同中言定

賣價錢壹拾貳仟文整其錢當交不欠此地至賣以後

倘有人等爭得有賣主壹面承當恐口無憑立賣契為証冊

計開　隨到地內夏秋民糧壹升七合

中見人　張慶朋　杜成雲

城南三畧

翔岁廿八日

大清光緒叁年十二月十三日立賣契人張運身

卖树木契约（仁义村）清徐葡萄文化博物馆藏

立卖契人张运身，自因使用不足，今将自己祖遗羊圈树木河滩地壹段计地壹亩半，东至张处，西至张处，北至水道，南至河心，四至开明，人路水路俱通，东西宽六丈，南长至北拾四丈伍尺，情愿出卖与行恕堂[1]管业承种，同中言定卖价钱壹拾贰千文整，其钱当交不欠，此地至卖以后倘有人等争碍，有卖主一面承当，恐口无凭立卖契为证。

计开随到地内夏秋民粮壹升七合　　大清光绪叁年十二月十三日

立卖契人　张运身

中见人　杜成发　城南三[2]

---

① 行恕堂商铺。

② 城南三都领闫杜都、孔曹西都、丰城都、青堆北都、尧城都。

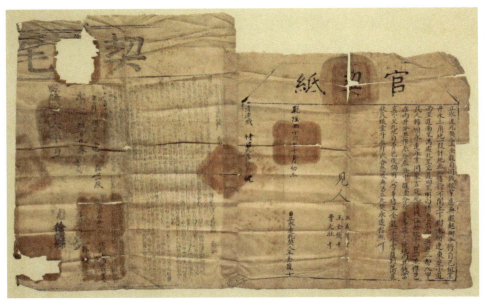

卖树地水井契约（都沟村）清徐葡萄文化博物馆藏

　　立永远死契人王金龙，自因钱粮紧急无处起办，今将自己祖业井水三角地一段计地叁亩，楼行不开，上下树木相连，东至小道，西至道，南至万处，北至交道，四至明白，情愿出卖与源二都八甲民人韩顺永远承业，同众言定死价钱伍拾玖千文整，一并杂色在内[①]，井分共作叁分，叁分中随壹分[②]井坐落苏大发地内，其钱当交不欠，此地自卖已（以）后倘有人等争碍，王全龙一面承当，随到地内夏秋民粮壹斗叁升贰合，恐后无凭立死契永远存照。

　　见人　王威富　王全发　曹大旺

　　乾隆四十六年十月初三日

　　立永远死契人　王全龙

　　清源城村第贰佰伍拾贰号　加官印　税银壹两柒钱柒分[③]

①地内所有物产都在内。

②水井分三份，随地一份。

③税银壹两柒钱柒分是印花税。

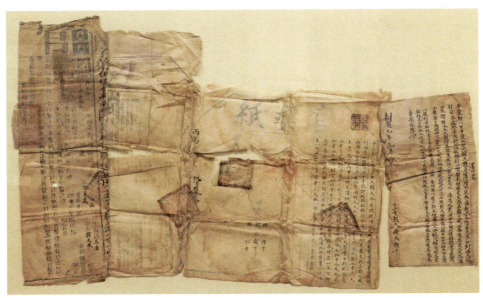

卖树木地水巷水契约（西马峪村）清徐葡萄文化博物馆藏

平泉八甲立卖死契人韩大发，自因使用不足无处起办，今将自己原分到西马峪村前晏底地壹段计地伍亩，楼行不开，树木相连①，东至胞弟韩大威，西南俱至道，北至吴处，四至开明，今立死契情愿出卖与源二都七甲民人王清为死业，同中言明死价铜钱壹百贰拾贰千文整，当日钱地两交分厘不欠，随到地内夏秋民粮贰斗贰升，随到天顺水巷七抽半分卅贰抽半分②，至期以后利害相跟，当日言明，许韩大威、韩浩韩春埋葬以后不许再埋，墓穴上哭杖、穴柳长则长生枯朽之日③，许地主使用此地，至卖以后倘有一切亲族人等争碍，卖主大发一面承当，恐后无凭立卖契存照。

中见人 韩浩 韩大威 韩仁

嘉庆九年九月初五日

立卖契人 韩大发

西马峪第玖百捌拾叁号

①地内没有房屋行路，所有树木都在内。

②天顺水巷水共35抽，7抽半份、32抽半份。35天一轮，第7天有半天水，第32天有半天水。

③墓穴上器物穴柳长到自然枯朽之年地主使用。

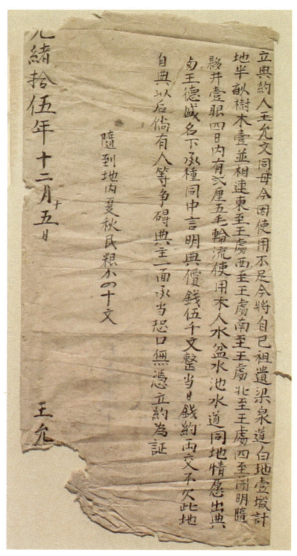

立典約人王允文同母今因使用不足今將自己祖遺梁泉道白地壹塊計
地半畝樹木壹並相連東至王虏西至王虏南至王虏北至王虏四至開明臨
縣井壹眼四日內有貳厘五毛輪流使用木人水盆水池水道一同地情愿出典
為王德崴名下承種同中言明典價錢伍千文整当日錢約兩交不欠此地
自典以后倘有人等爭碍典主一面承当恐口無憑立約為証

隨到地內麥秋民粗小〇十文

光緒拾伍年十二月十五日

王允

典树木地水井契约（东马峪村）清徐葡萄文化博物馆藏

134

　　立典约人王允文同母，今因使用不足，今将自己祖遗梁泉道白地壹段计地半亩，树木壹并相连，东至王处，西至王处，南至王处，北至王处，四至开明，随伙井壹眼，四日内有贰厘五毛①轮流使用，木人、水盆、水池②、水道同地情愿出典与王德盛名下承种，同中言明典价钱伍千文整，当日钱约两交不欠，此地自典以后倘有人等争碍，典主一面承当，恐口无凭立约为证。

　　随到地内夏秋民粮小四十文③　　光绪拾伍年十二月十五日　　王允文

---

①四日一轮，第四日有四分之一天。
②提上水先入水盆后流入水池再放水浇地。
③夏秋民粮典地人出钱小四十文。

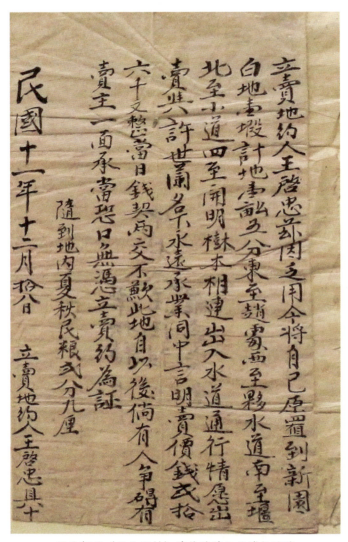

买地契约（西马峪村）清徐葡萄文化博物馆藏

立卖地约人王启忠，兹因乏用，今将自己原置到①新园白地壹段计地壹亩伍分，东至赵处，西至伙水道，南至堰，北至小道，四至开明，树木相连，出入水道②通行，情愿出卖与许世兰名下永远承业，同中言明卖价钱贰拾陆千（仟）文整，当日钱契两交不欠，此地自卖以后倘有人等争碍，有卖主一面承当，恐口无凭立卖约为证。

随到地内夏秋民粮贰分玖厘③

立卖地约人　王启忠

民国十一年十二月十八日

①原置原有的。
②水道与地邻同用。
③随带到地内公粮贰分玖厘。

卖白地水井契约（西马峪村）清徐葡萄文化博物馆藏

原二都①七甲立卖契人王郭氏同子选②，自因钱粮紧急无处起办，今将自己祖业③马峪村前大井地段计地壹亩，楼行不开，系东西畛④，东至万处，南至王处，西至道，北至张处，四至开明，今立卖契情愿出卖与胞叔⑤王为仁永远承种，同众言定时值死价铜钱壹拾千（仟）肆佰伍拾文⑥，当时钱地两交不欠，此地至卖以后倘有户内人等争碍，卖主一面承当，随到地内民粮壹升壹合，开征上纳⑦，合食画字⑧一并在内，恐后无凭卖契存照。

计开随到地内伙井一眼轮流使水

见人　王贵〇

乾隆五十年二月初一

立卖契人　王郭氏同子选

西马峪村第肆拾伍号

---

①原二都：清源乡志（清光绪壬午年1882年）计清源旧志分二十八都，康熙间载并为十六都，即原一都、原二都、南一都、南二都，分七十二个村。

②王氏、郭氏同子王选。

③祖上留下的产业。

④是东西方向的地块。

⑤指同亲叔父。

⑥卖地价格铜钱壹仟肆佰伍拾文。

⑦官府征时交纳。

⑧共同吃饭签字画押。

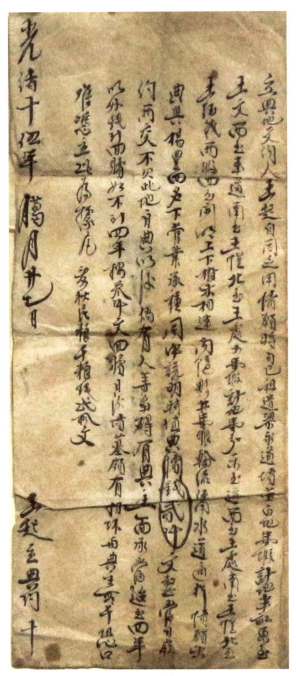

典白地水井契约

　　立典地文约人王起，自因乏用[①]情愿将自己祖遗梁泉道坟莹白地壹段计地半亩，东至王文，西至东道，南至王恺，北至王处，壹段计地壹分，东至道，西至王处，南至王恺，北至王德茂，四至开明，上下树木相连，内随伙井壹眼，轮流使用，水道通行，情愿出典与杨豐回名下管业承种，同中说明时值典价钱贰仟文整，当日钱约两交不欠，此地自典以后倘有人等争碑，有典主一面承当，至四年以处钱到回赎，如不到四年按叁仟文回赎[②]，日后坟墓颇有损坏与典主无干，恐口无凭立此为据。夏秋民粮钱贰拾文[③]

　　王起立　典约

　　光绪十五年腊月二十七日

---

①自己缺乏资金使用。

②典地在四年内回赎按三千文付钱，四年后回赎按贰仟文付钱。

③典地付给主民粮钱二十文。

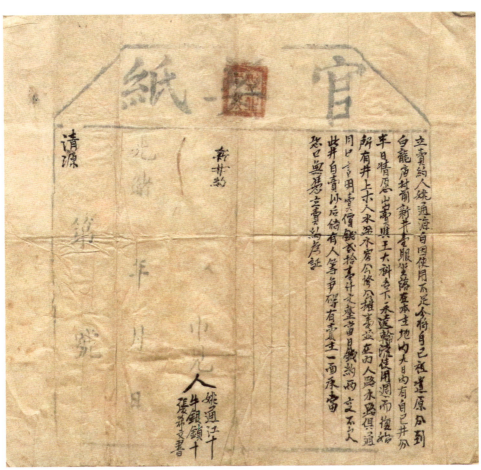

卖水井契约（仁义村白龙庙水井）清徐葡萄文化博物馆藏

立卖约人姚通海，自因使用不足，今将自己祖遗原分到白龙庙村前新井①壹眼，坐落在本主地内，九日内有自己井分半日，情愿出卖与王大科名下永远轮流使用，周而复始，所有井上木人②、水盆、水窖公修公推壹并在内，人路水路具通，同中言明卖价钱贰拾壹仟文整，当日钱约两交不欠，此井自卖以后倘有人等争碍，有卖主一面承当，恐口无凭立卖约为证。

中见人　姚通江　牛银锁

张希文　书

光绪二年

①白龙庙前有一眼旧井、一眼新井。
②竖立在井口上，支撑辘轳的木架。

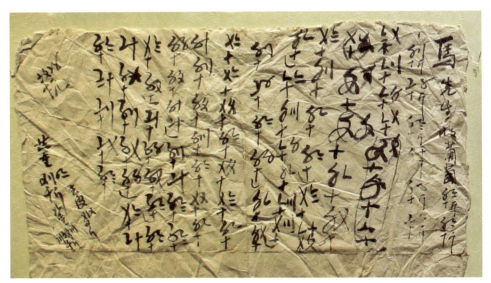

使用苏州码子记数法的收购葡萄记录 清徐葡萄文化博物馆藏

清徐葡萄文化博物馆现存有一张收葡萄记录，上面没有写明历史时间，但其大意是马先生收葡萄的记录，经查阅资料翻译其内容，上面记录葡萄共重 4207 斤，去皮 414 斤，净重 3793 斤，内容很清楚，用的是一百年前的记数法，叫"苏州码子"，也叫"商业码子"，比用大写数字更加简便快捷，后来使用阿拉伯数字记数，就不用它了。

苏州码子也叫草码、花码、番仔码、商码，是中国早期民间的商业数字。

丨	丨丨	丨丨丨	メ	ㄠ	亠	圭	圭	夕	十
1	2	3	4	5	6	7	8	9	10

二十二、清徐葡萄教学研究

1907年孔祥熙创办私立铭贤农工专科学校。1951年学校由私立转为公办，成立山西农学院，也就是现在的山西农业大学的前身，学校专设有全国枣、葡萄种质资源圃。

私立铭贤农工专科学校开办之初，设有农科班、工科班，助力实现农业、工业先进生产力的推动。

在创办农工专科学校的同时，孔祥熙在清徐购买了四块土地，专门种植葡萄等水果，进行种植技术研究。其中在出产黑鸡心葡萄最有名的仁义村磨盘地旁边购买了3.5亩土地，用于葡萄种植技术研究及技术推广。每年太谷的学生来这里实践，有老师为学生讲解葡萄每个季节的生长情况。种植的黑鸡心葡萄全部拉回太谷供学校科研，同时招待宾客品赏，这块黑鸡心葡萄地1949年以后由县果树所站管理。1977年土地对调以后由仁义村二队种植管理，后来此地在修建高速公路时被全部征用。

磨盘地孔氏葡萄园 清徐葡萄文化博物馆藏

紧挨我家的老院子北面是孔祥熙的苹果树地，大约有4亩多，地里有夏苹果、秋苹果。六月鲜桃子、秋桃，还有零旦葡萄，县果树站在地中建了三间住房，常年有人居住管理，后来归仁义村大队使用。

《山西通志》记载，1935 年从美国引进苹果新品种后，在太谷铭贤学院园艺场、清徐县仁义村和太原东山、临晋尉庄四处栽植。[①]

在仁义村武家院旁有孔祥熙的 3 亩土地，栽植桃树、樱桃树、枣树，樱桃和秋桃很好吃，这个品种的秋桃清徐当时很少见。

在县城西关和仁义村的交界处有孔祥熙的 7 亩地，当时叫三林公司（孔祥熙的公司），公司种有杏树、桃树、苹果树、枣树。旧时，去我家沙堰地需经过这块地，从白石河引水到我家沙堰地浇地必须经过三林公司的这块地。1949 年后这些葡萄架、苹果树、桃树、杏树地一直都由清徐县果树站管理。

直到 20 世纪 60 年代，山西农大的学生每年都来调研实习葡萄种植管理。

1963 年欧阳寿如教授在清徐东马峪村建试验田，引进酿酒葡萄和鲜食葡萄品种。1974 年在清徐露酒厂进行酿制实验，酿出优质干红葡萄酒和干白葡萄酒，并通过天津口岸出口到东南亚、法国等地。同时在他著的《葡萄栽培》书中记述了清徐葡萄的栽培方法，并配有图片。

清徐葡萄产区的栽培方法，山西农大最早进行研究，1949 年以后各大专院校来考察的师生很多，崔致学、高仲、冯寿山等老师常来调研，并著有《山西省清徐县的葡萄》一书。

清徐葡萄种植历史长，技术研究引进早，促进了清徐的葡萄产区发展，提高了当地经济效益。

---

①山西省地方志编纂委员会：《山西通志》，中华书局，1994 年，339 页。

二十三、清徐西边山葡萄地特色

　　我国是世界上古老的葡萄产地之一，在黄河流域的中游发现很多新石器时代遗址出土的陶器都与酒有关，清徐西边山葡萄地中，仰韶文化时期的陶罍能证明在我国葡萄种植有上千年的历史。古时有关葡萄的文献有限，对野葡萄、蘡薁、葛藟记载也不多。三国时魏文帝曹丕诏群臣说葡萄是较早的记载，唐宋时有关葡萄的诗词多起来，也说明唐宋时葡萄种植比较广泛，酿葡萄酒较多，其中很多记载的葡萄酒都出自太原。

　　太原清徐西边山葡萄产区正好处在全球葡萄种植的北纬 38 度，是最

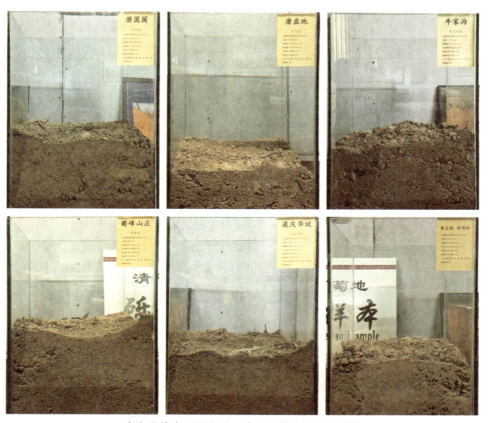

清徐葡萄名地块土样　清徐葡萄文化博物馆藏

佳生态带，有着优越的地理优势。整个产区背风向阳，形成一个自然的植物生长小气候。整个产区分两部分，山前洪积扇区，沙壤土质，山上坡地梯田砂砾土质，全产区以沙土最多，其透气性好，土质肥沃，微量元素含量高。从上古繁衍下来的优质原产葡萄就在这里种植延存下来，汉时常惠从西域带回的葡萄品种，通过不断的种植延续，给当地葡农带来了较大的收入，这也是老天赐给清徐的恩惠。

清徐大棚软架葡萄图
清徐葡萄文化博物馆藏

清徐西边山的原产葡萄树全部是大棚架，与国内其他产区的大棚架不同，其他地区用的是木杆硬架，清徐用的是苇绳软架。原产葡萄品种枝条生长旺盛，树势较强，一般在 10 米以上，在山坡山沟地方长度达 20 ～ 30 米左右。这种大棚软架方式既充分利用了山坡山沟的空间，又利于集中施肥浇水，充分利用阳光。清徐西边山葡萄的种植，不仅绿化了山坡山沟，也保护了自然环境。

每年 3 月的惊蛰节令，葡农开始割苇子、买苇子、碾苇子、打葽子（苇绳），准备葡萄出土上架使用。打葽子的工具有石碾、单格、双格、单柱棍、双柱棍，利用这些工具制成的苇绳，人们叫葽子。葽子有一个特殊的特性，越遇水越结实。从上古一直沿用到 20 世纪 80 年代左右，后来葡萄软架全部改用铁丝，一直使用至今。

碾苇子 打葽子 武学忠摄

盘葽子 背葽子 武学忠摄

清徐西边山的大棚架葡萄地分两种，一种是以龙眼葡萄为主，一种是以黑鸡心葡萄为主。

在前山的龙眼葡萄地中一般用石柱、木柱，在西边山的黑鸡心葡萄地中全部用木柱，在邻房屋院的墙上有专门拉葽子的铁环儿，与葡萄架面直接相连。

老树身埋架 王计平摄　　　石柱埋架 王计平摄　　　院墙上挂葽只铁环儿 王计平摄

清徐葡萄枝条上架的方法分为三种，一种是前山龙眼葡萄全部是单渠单架，根部架面低，每年先拉葽绳，将葡萄枝条上架后分枝绑定，这种方法在山坡山沟上有利于利用坡沟空地，扩大覆盖面积。西边山黑鸡心葡萄上架方法有两种，一种方法是以西梁泉村为代表的上架方法，每年清明节前将葡萄枝条从土中挖出，先用短支架码起葡萄枝条，后拉葽绳布好架面，定好十字以防葽绳松动，最后将葡萄枝条按旧位左右挑开舒展，这种上架方法时间集中，有利于根部保护，几百年的葡萄根就是这样一直保护留存的。

另一种方法是西马峪以东以仁义村为代表的上架方法，每年清明节前先将葽绳布好架面，定好十字以防葽绳滚动，最后将葡萄枝条从土中挖出，

引自 1952 年欧阳寿如照片

按旧位左右顺序排列上架，这种方法操作比较简便，布局均匀，可提前布架，后将葡萄上架舒展，这种方法延长农时，个别带伤枝条易折断。千百年来这两种做法一代传一代，一直沿用至今。

这些种植上架方法很好地保护了葡萄树的根系与枝条，使其不裂不断，在仁义村寨奈地中有一棵葡萄树，其覆盖面积半亩多，是当地葡萄树王，产黑鸡心葡萄 1500 左右。在清徐西边山葡萄地中不止一棵这样大的葡萄树，大部分葡萄树都是老树葡萄，并且都是祖辈传下来的，没有变更过。

由于清徐西边山葡萄地全部是大棚软架，到秋天，个别葡萄地块果实结的多，再加上雨水大，葡萄架面重量增加，有时压倒了葡萄架，葡农拿上苇绳架子把倒了的葡萄架扶起来，费工费料，葡萄减产。

唐朝诗人韩愈诗中所述"新茎未遍半犹枯，高架支离倒复扶。若欲满盘堆马乳，莫辞添竹引龙须。"这一首诗讲的就是清徐软架高棚葡萄的上架方法。

清徐当地特有的葡萄繁殖方法叫压条法，也叫中国压条法。由于本地的葡萄树生长时间比较长，树龄基本在一二百年，枝干比较粗壮，每年冬季埋枝越冬，春季舒展上架，有的老树枝产生破裂，为了保护破裂的葡萄树，就将破裂的老树枝压埋到土中，在合适的地方留出树枝上架。还有一种是，葡萄地中有个别地方根距太稀，从根稠的地方压条引来枝条，使根距均匀，架面无空，这些方法一直沿用至今。

葡萄树压条法样本 清徐葡萄文化博物馆藏

清徐西边山葡萄地用的铁锹形状和其它地方不一样，长度为35～40厘米，到立冬时节葡萄下架入土越冬，挖土的深度正好一铁锹深，太深，葡萄树上的萌芽易霉烂，太浅，葡萄树易风干或冻坏。

每年春天葡萄树出土上架要用专用扬葡萄条的花杈扬架，葡萄枝条长时用3把花杈，一把立全、一把掌腰、一把送梢，3人同时用力将20多米长的葡萄枝条均匀分布在架面上。

葡萄地专用铁锹
清徐葡萄文化博物馆藏

花杈扬架
清徐葡萄文化博物馆藏

葡萄地专用圪垯镰 清徐葡萄文化博物馆藏

　　古时清徐西边山修剪葡萄枝条一直用专用镰刀（圪垯镰）。圪垯镰镰把短、镰刀重，是修剪葡萄的得力工具，西边山葡农每家都有，就是没有葡萄地的家庭也有圪垯镰，秋天做帮工修剪葡萄树。到20世纪80年代后才全部改用剪树剪刀。

　　清徐葡萄在20世纪70年代前，大部分葡萄都种植在没有道路的半山坡上，农民卖葡萄、运送葡萄的工具都是扁担和筐子，筐子有两种：大筐（可装60-70斤葡萄），小筐（可装20～30斤葡萄）。扁担分两种：一种是翘梢扁担，主要用于担葡萄去县城卖或去酒厂卖；一种是铁尖扁担，一般用于从山上的葡萄地往山下运送。还有一种工具是放在葡萄筐底下的底衬，叫架架，有单架、双架、三架之分。大筐底下衬单架，一担两筐，小筐底下衬双架和三架，一担四筐或六筐。如果运送的路比较远，还需用毛毡垫肩，避免压破肩膀。这些古老的运输工具与清徐葡萄一样从上古流传下来，同时也凝聚了葡乡人民的勤劳智慧。

大小葡萄筐子
清徐葡萄文化博物馆藏

担葡萄的扁担
清徐葡萄文化博物馆藏

担葡萄垫肩
清徐葡萄文化博物馆藏

担葡萄筐架架
清徐葡萄文化博物馆藏

西边山积扇区的平川地区，从 20 世纪 40 年代运送葡萄开始使用独轮推车，后来发展使用独轮推车，独轮推车有的每车可装 200 斤左右，有的每车装 450 斤左右葡萄。推车提高了生产效率，减轻了葡农的劳动强度。

独轮推车　清徐葡萄文化博物馆藏

毛车　清徐葡萄文化博物馆藏

在我小的时候，我家住在葡萄园中，院子周边的葡萄地里，根畦是葡萄根及埋土上肥的地方，梢畦是种萝卜花（大丽花）、马莲的地方。一排葡萄树，一排萝卜花和马莲，初夏萝卜花先开，马莲花后开，十分好看。萝卜花初开时人们总要拿上几朵带回家插到瓶子里放上水，可观赏十来天。马莲是每年葡萄枝条上架后分把在架面上用的，秋天收割晒干后放至第二年春天用，年复一年，年年如此。

葡萄地马莲　王计平摄

二十四、清徐西边山传统葡萄庙会

清徐西边山从仰韶文化时期就一直有人类居住，在人类社会发展的过程中，这里的山峰有了自己的名称，从北到南有仁山、中隐山、马鸣山、白石山、凤山、马鞍山、屠谷山、方山、神会山、壶屏山。[①]

到汉唐时期，这里经济发达，衣食有余，社会繁荣，在西边山一带的葡果林木中先后建起大小不同的十五座寺庙。其中和葡萄有关联的寺庙有仁义村白龙庙，建于明万历十八年（1590 年），平泉村清泉寺建于元至正二十四年（1364 年），西马峪村狐突庙修建于元至正二十六年（1366 年），东马峪村香岩寺建于金明昌元年（1190 年），都沟村岩香寺石窟开凿于唐末会昌年（841—846 年）。

庙会最初起源于远古时期的祭祀活动，人们为了祈求神灵保佑和丰收，会在寺庙举行各种宗教仪式和祭祀活动。在祭祀活动中，人们会带上自家种的农产品和工艺品进行交易，这种交易活动逐渐演变成了庙会。

在这其中最朴实、最隆重的葡萄庙会首数仁义村白龙庙的二月二龙抬头节。据《清源乡志》记载：仁义村白龙庙于明万历十八年（1590 年），知县邵莅为保县城平安修建，清顺治十七年（1660 年）知县和羹向东移丈余重建，2016 年因受两条公路的影响，村民集资将白龙庙离开旧址向上移 50 余米重新修建。

白龙庙中供奉的白龙是一位平安神，一保县城平安，河水不泛滥，二保风调雨顺，葡果丰收。二月二龙抬头这天，仁义村每年唱戏过庙会节，村民到白龙庙上香祈祷白龙爷保佑葡萄不要烂，河水不要断，风调雨顺，一乡平安。酒厂敬供，藏酒，二月二龙抬头节过后，葡萄就开始出土上架，发芽吐绿，开花结果，直到立冬休眠，年复一年。

---

①安捷：《太原古县志集全》，三晋出版社，2012 年，1839 页。

白石口民国十五年唱社老账

仁义村二月二白龙庙唱戏老账　清徐葡萄文化博物馆藏

二月二上白龙庙　武学忠摄

　　第二个庙会就是农历七月二十九东马峪村的无梁殿葡萄庙会节，人们也称东马峪葡萄节。每年到农历七月二十九，东马峪葡萄节正逢葡萄成熟的季节，届时村里唱戏三天，招待宾客，庆祝丰收。在开戏前社头们自己组织锣鼓队和戏班的乐队一同去西马峪狐突庙迎狐神进行踩街。恭请狐爷爷到东马峪无梁殿戏台前的行宫看戏。传说狐爷爷掌管天上的雨布，尊封雨神。届时在行宫，社头们再次上香供奉，祈求狐爷爷保佑河水不要断，

东马峪戏台　王计平摄　　　　　　狐爷爷行宫　王计平摄

葡萄不要烂，风调雨顺，葡果丰收。三天大戏唱完后，恭送狐爷爷回宫。直到 20 世纪 50 年代当地的这一风俗活动才废止。

　　庙会前后三天，村民们准备好酒肉饭菜和上等的葡萄招待亲朋好友一同来庆祝葡萄节，人们有的看戏，有的登无梁殿，行人时而行走在葡萄架

下面，时而走在山上的羊肠小道，正如清代举人路宜中诗中云："葡萄叠架势绵延，屠贾沟东马峪前。行尽山村频举首，绿荫冉冉不知天。""无梁寺古殿无梁，鸟道崎岖达上方。每值初秋廿九日，游人共蕊佛前香。"

无梁殿又是清徐古八景之一的西岭香岩，香岩寺外四周松绿杨翠、鸟语花香、绿林成荫、泉水潺潺、清雅幽静，极目远眺，天地相接，西边山与县城的美景尽收眼底。

每年盛夏，无梁殿也是避暑休闲的好地方，古代也留下不少诗词赞美西岭香岩无梁殿，古诗云："几度春游兴未涯，更持樽酒傍烟霞。香山踏破王孙草，梅雨飞来燕子家。胜日一拼人共醉，同流还拟帽同斜。望中景色娇相袭，独愧尘容对落花。""嶙峋高阔几拳跻，岸愤重来一枝藜。望处忽迷青嶂迥，尊前翻觉白云低。霏微还树荒郊外，牢落空城久照西。雅会幸聊山简骑，相拼何惜醉铜鞮。""风入长松响洞箫，天香何处落山腰。南能礼罢时跌坐，错认吾身到绛霄。"[1]这些古诗充分表达了游人身临其境、流连忘返的愉悦心情。

在民间流传着香岩寺葡萄节顺口溜："每年七月二十九，亲朋来喝马峪酒。东西马峪都沟嘞，仁义山底南园子。大肉土酒好招待，满地葡萄真不赖。香岩寺上无梁殿，俊男少女在调线。戏台对的狐爷爷，台下男女一大片。吃完葡萄带葡萄，年年不请客自到。"这表达了葡乡人民朴实善良热情的待客之情。

清代清源乡志记载，清源古八景是自然风貌和人物文化形成的景色，其中，中隐环青、平泉流碧、白石云松、西岭香岩，都在西边山，与葡萄相关。

---

①安捷：《太原古县志集全》，三晋出版社，2012年。

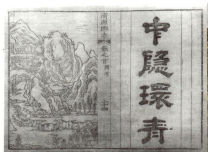
引自《太原古县志集全》

中隐山 武学忠摄

引自《太原古县志集全》

龙林山 武学忠摄

引自《太原古县志集全》

香岩寺 武学忠摄

引自《太原古县志集全》　　　　　　　　不老泉 武学忠摄

二十五、葡萄种植加工的匠人

在清徐东马峪村葡萄种植的历史上，发生过很多与葡萄有关的故事，东马峪的李清光虽什么没文化，但很勤快，是一个老实巴交的农民，他的一生就是一个典型的葡萄匠人故事。

在清徐葡萄文化博物馆内所保存的葡萄地契约中，收集到东马峪李清光家的契约最多，从咸丰二年（1852年）到民国三十二年（1943年），其跨度90余年，通过契约反映出李清光与父亲两代人种植栽培葡萄的往事，以及葡农当时的生活情况。

李清光是东马峪村人，家住旗杆街，生一子二女，他是一个地地道道的葡乡农民，一生都乐于种植葡萄、熏制葡萄干。清徐葡萄文化博物馆收藏的葡萄地契中记载，他的祖上在咸丰二年（1852年）就以210千文典下梁泉道地段的8亩葡萄地，由于人勤

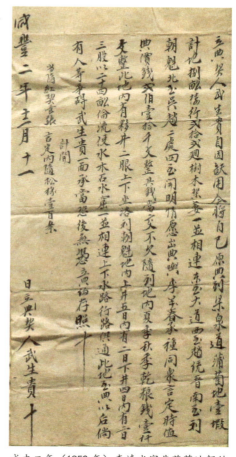

咸丰二年（1852年）李清光家典葡萄地契约
清徐葡萄文化博物馆藏

快，一连几年葡萄长势很好，赶上风调雨顺，葡萄丰收，年终收入很满意，除满足一家的生活外还有盈余。

咸丰八年（1858年），李清光的父亲以240千文把梁泉道的8亩葡萄地全部买下，用心管理葡萄，按照葡萄季节的生长规律修剪施肥，葡萄农活一点不误。第二年他的父亲又在自己的院旁边盖起两间葡萄干熏房，

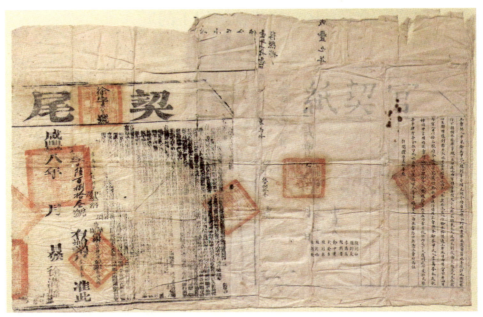

咸丰八年（1858 年）李清光家卖东马峪水井、葡萄地契约 清徐葡萄文化博物馆藏

一炉能装 16000 斤鲜葡萄，每年葡萄成熟后，李清光的父亲先卖鲜葡萄，留下的全部装满熏房熏制成葡萄干。梁泉道葡萄地在六合村边上，离东马峪旗杆街有五六里，路程较远，但收成好，每年葡萄的收入都有结余。

葡农种植葡萄得看老天的脸色，因而每年的产量收成不稳定，如遇上自然灾害，收入就大减。

民国二十一年（1932 年），葡萄地遭受两次冰雹一次霜冻，导致这一年葡萄颗粒无收。民国二十二年（1933 年）春天，因资金紧张，李清光就以 8 亩地为抵押，李二货担保，向天庆堂借款 72 块现洋，把葡萄地春季用的苇子、架子、肥料全部购回，葡萄树按时出土上架，在这一年也取得较好的收成。

俗话说"远地不养家，近地狗踩踏"。李清光人缘好，梁泉道葡萄地管理得很好，葡萄成熟时，人见人爱，李清光每年都拿出一些给周围的村民吃。由于葡萄地紧邻六合村，有极少数村民眼红李清光的葡萄，便心生歹念，趁不备之时，明吃暗偷，致使他种的葡萄所剩无几。民国二十八年（1939 年），李清光一气之下把 8 亩葡萄树全部砍掉，改种瓜果、粮食。李清光一生爱葡萄，认为没有葡萄就没有产业。到民国三十年十二月（1941 年），李清光在东马峪村东自己院旁以 1050 元高价购买了 3 亩 9 分黑鸡心葡萄地，他更加有信心发展壮大自己的产业。

　　家中由于刚刚购买了葡萄地，资金十分紧张。民国三十二年（1943 年）由连带债务者东马峪村村长苏世明，支部长①苏世廉，连带保证人董辛酉、罗光远担保，用自己熏制的葡萄干作抵押，向清源县合作社借 100 块大洋，

民国二十二年（1933 年）李清光家葡萄地抵押借款
清徐葡萄文化博物馆藏

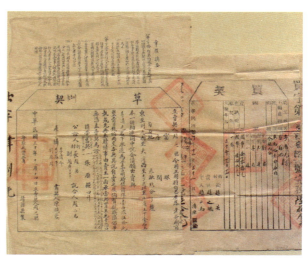

民国三十年（1941 年）李清光家买东马峪葡萄地契约
清徐葡萄文化博物馆藏

①第三等文官。

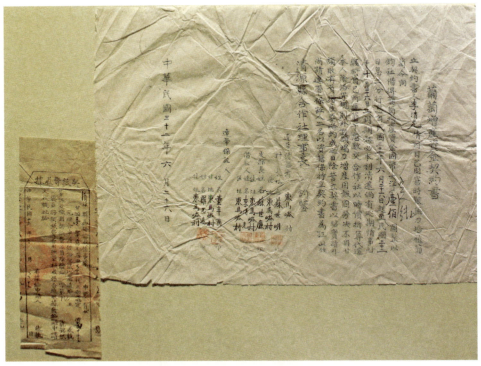

民国三十二年（1943 年）李清光家葡萄增产资金契约 清徐葡萄文化博物馆藏

从 6 月 26 日到 10 月 26 日共 4 个月，以解决燃眉之急。

李清光不仅葡萄种得好，葡萄干熏制得更好。他为人勤快，熏房的火候掌握得非常好，他一手熏制的葡萄干果粒圆、皱纹细、外观美，年年被评为上等葡萄干，出货时都是抢手货。每年自己产的葡萄装不满熏房，他便从后窑村购买黑鸡心葡萄来填满熏房，逐渐和后窑的振贵儿成为了老相禹（朋友），每年到黑鸡心葡萄成熟后，振贵儿就把黑鸡心葡萄送到他家用来熏制葡萄干。有一年葡萄干刚熏制完成，还没出售，放在熏房院中的葡萄干被人偷走了，一次丢了七八十斤，李清光发现后想不通，熏房院就只是一个小后院，不走前院怎么能拿出去这么多葡萄干，几天后李清光去清源城赶集，路过裕庆生店时看到店内卖葡萄干，有一筐葡萄干很面熟，他仔细看着，店里伙计说这个葡萄干熏得很好，果粒圆、皱纹细，是马峪的人拿来的。过后才知道是他的邻家从房上用筐子把人吊下去，用面袋子装上葡萄干，再吊上房，这样偷走了他的葡萄干。

李清光的熏房 王计平摄

黑鸡心葡萄干 清徐葡萄文化博物馆藏

这是一个真实的故事，李清光是笔者的外公，这段故事是根据笔者母亲的口述和外公的地契整理出来的。母亲没什么文化，只有速成班三个月的学历，她勤劳吃苦，在出嫁之前，常年给在梁泉道地里做农活的家人送饭，每天最少送一趟，多时三趟。母亲12岁时就在地里的水井上打水浇地。虽然不识字，但通情达理，教育有方，一生勤勤恳恳，操持家务，由于从小在葡萄地里跟着大人干农活，对葡萄种植的事情知道很多，讲起来头头是道。

作者母亲 王计平摄

二十六、葡萄先生

"晋叔遗范"这块门匾是民国十七年（1928年）八月，清源商贾、葡萄产区民众赠予仁义村王四先生的。王四先生大名王大科，小名四娃只，家住在仁义村南园子的葡萄园中。他一生种葡萄、行医看病，人们习惯叫他四先生，也叫葡萄先生。

清徐葡萄文化博物馆藏

葡萄先生一生以种葡萄果木为主，勤劳守信，爱学习医书，成为一名土医生，他给病人看病没架子，不收钱，随叫随到，因而受到民众的称赞。有时候病人不便行动，他便根据病人家属讲述的病情，开出药方。有时在葡萄地干农活没有笔纸，就找一块石板用软石头在石板上根据病人家属讲述开方抓药，病人吃药后病很快就好了。他爱喝酒，看好病后，有心人送一二斤烧酒就行，多了也不要，他家的小酒坛也是常满，送来了也盛不下了。

葡萄先生看病最拿手的是治喉咙病症，吃药与针灸并用，手到病除。民国时，清源县县长的儿子得了喉咙病症，在县城找了不少医生都没有治好，经县城的又喜先生介绍，县长差人叫葡萄先生看病，他开了一张处方，一抓两服药，扎了两针，过了两天，县长儿子的病情果然好转。于是，县长又派人叫葡萄先生来复诊，先生看完病开了药，转身要走，县长急忙给他大洋酬谢，他说："我看病从不收钱。"县长留他吃饭，他也不吃，他说得赶紧回去，县长问他着啥急，先生说："刚下过雨，白石河今年第一次发河水，人们都抢着浇地，我怕俺家后生和三林公司因浇地打起架来，我从白石河引上水流到沙堰地浇地，要经过三林公司的地边，人家财大气粗，要先浇地，谁也拦不住，三林公司是太谷孔祥熙的，老百姓哪能惹得起。"没想到县长听完后，马上派人去通知三林公司，让葡萄先生先浇，他们后浇。后来就留下沙堰地的河水葡萄先生先浇这一规矩。

到民国十七年（1928 年）八月，众乡亲们觉得葡萄先生给人们看好不少病，也不收分文，应该给他歌功颂德，树碑立传，在开明人士本村白龙庙的许世昌的主办下，为先生刻了两块门匾，一块挂在大门上，一块挂在院里正门上。后来先生认为有一个大门上的牌匾就够了，命里没有那么大的福分，院里正门上的牌匾就摘了。大门上的牌匾"晋叔遗范①"一直挂着。

2018 年许世昌的孙子来博物馆参观后讲：他爷爷说刻匾是他组织刻制的，可是这块匾上没有他爷爷的名字，经过调查分析，他爷爷的名字应该在院中正门上的匾上，他记得他爷爷说刻匾时县长还加了一丁（加了一份）。

门匾中大国手大科王先生雅鉴，是对王大科先生医术的敬雅。

2018 年秋，博物馆里来了一位晋城的游客，腿稍有点拐，他听完"晋叔遗范"门匾的讲解以后讲：这块门匾对后人有德。当时也没有怎么想，

①指王大科先生继承了王叔和太医令勤奋好学和高尚的医德医范，民国雍即戊，执徐即辰。民国戊辰即民国十七年，辛月即八月，谷旦即黄道吉日。

过后我想他说的有德指什么，葡萄先生的第三代中的二狗子、三狗子、四狗子三个人都当过兵，抗日战争、解放战争、朝鲜战争都去过，大小战场上过无数，但三个人没有受过一点伤，其中特别是二狗子，他参加过1947年解放清风店战役。二狗子讲，他们营急行军，一天一夜，不能停，吃饭是在路边，捡两个馍馍连吃带跑，到清风店所有人脚上都是泡，马上就进入战斗，他们连主攻一个炮楼，要打开一个缺口，当时连里有一个爆破班共13个人，连长命令爆破班炸掉这个炮楼，当时仗打得很激烈，敌人火

王二狗华北解放纪念章 解放东北纪念章 清徐葡萄文化博物馆藏　　王四狗抗美援朝纪念章
　　　　　　　　　　　　　　　　　　　　　　　　　　　　　清徐葡萄文化博物馆藏

王三狗 华北解放纪念章 人民功臣纪念章 解放西北纪念章 王计平摄

力太重，爆破班上一个死一个，士兵只爬到离炮楼10来米的地方，最后班长、副班长上，全没完成任务，连长急得头上直冒汗，命令王二狗上，他抱起炸药包连跑带滚就冲向炮楼，子弹从他身边嗖嗖穿过，但都没有打到他，冲到炮楼前，他点着炸药包，就滚下来了，只听轰的一声炮楼终于被炸了。连长马上让司号员响起冲锋号，全连战士一拥而上，很快打开一个缺口，战斗结束，王二狗被追认为中国共产党党员。

第四代人就是我这一代了，进酒厂以来，我得到了大量的关于清徐葡萄、葡萄酒的历史文化资料，公司被定为省级非遗清徐葡萄酒酿造传习基地，我被定为传承人。在建博物馆时得心应手，通过近几年的努力，到目前总共收集了关于清徐葡萄的史料8557件，这也许是我老爷爷积德的回报，博物馆为清徐葡萄留存了很重要的历史文化资料。

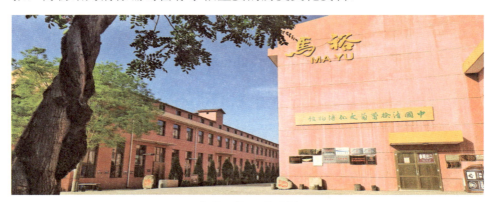

公司一角　王计平摄

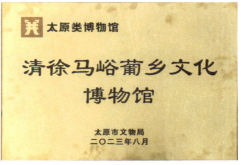

清徐葡萄文化博物馆藏

2018 年 4 月 16 日，太原电视台家事家风节目，专程来清徐葡萄文化博物馆拍摄非遗传承节目，倡导家规家德，宣扬非遗传承文化。同时得到太原市精神文明建设委员会办公室、太原广播电视台、太原市妇女联合会的表彰。

太原电视台在清徐葡萄文化博物馆拍摄

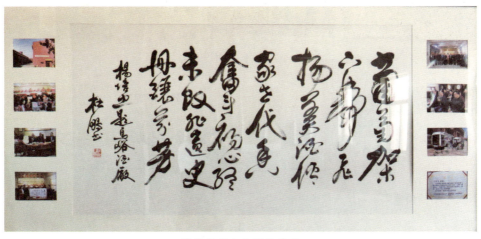

清徐葡萄文化博物馆藏

二十七、民国时期清徐产区的葡萄酒发展

1911 年，辛亥革命推翻了统治中国千百年的君主制制度，传播了民主共和新理念，人们的思想逐步解放，晋商中有识之士开始发展实业，晋商大地以物产、土产为原料的实业纷纷兴起。山西太原清徐的葡萄也受到不少政要商贾的关注，用工业化的方法开办葡萄酒厂。

全国葡萄分十大产区，清徐产区广义上指整个山西省中部地区。《榆次县志》记载，榆次自治所议员王联甲与马穆之，在榆次城内办起了豫慎、豫胜葡萄酒厂。在榆次训峪村和苏家庄购买葡萄开始酿酒，榆次本地葡萄品种单一，数量不多，于是就到清源县购买葡萄，清源西门菜市坡葡萄品种多，数量也多，他们选质量最好的购买，带回榆次的酒厂后精心酿制，酿出的葡萄酒产品色香味特色突出。1910 年农历四月二十八，在南京举办的南洋劝业会上，山西榆次县豫慎公司的葡萄酒获银奖，后来到 1915 年，在美国旧金山市巴拿马万国博览会上，豫慎、豫胜两公司的葡萄酒均获一等奖[1]，很快引起省内上层人士的关注。

清徐葡萄产区是中国种植葡萄的老产区，历史悠久，到民国时期种植有葡萄品种 18 个，种植面积 1.5 万亩，年产各种葡

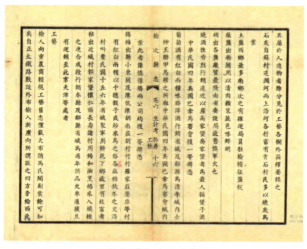

引自《榆次县志》

---

[1]卢海亮：《（民国）榆次县志》，三晋出版社，2017 年，126 页。

萄 2000 万斤以上，所产葡萄都是中熟和晚熟品种，上市时间集中在 8 月下旬至 9 中月中旬。销售渠道有三种，一种鲜食贮存在市场销售，鲜食比例 20% 左右。第二种是熏制葡萄干，产品远销东三省、内蒙古、俄罗斯，市场较好。第三种加工酿制葡萄酒、葡萄汁销售。

1921 年，随着晋商商贾工业救国，兴办实业，利用本土特产发展经济，在有识之士张树帜、乔锦堂、常子襄等 18 人发起，耿桂亭、李德懋、成国丞、令狐舜等 20 人赞成下，组建葡萄酒公司，公司本着为人民图利益、为国家争光华的宗旨，定名为山西省清源县益华酿酒股份有限公司，并制定企业章程，明确管理权限，公司在行政院农商部注册，同时在民国政府

益华公司大门、商标 清徐葡萄文化博物馆藏

益华公司银柜、酒瓶 清徐葡萄文化博物馆藏

行政院工商商标局注册"三十字盾牌"商标（商标代号 33 号），"三十字"表示民国十年十月十日成立。

公司设定股本总额为 5 万元，以 100 元为一股，共有 500 股，公司在清源县县城西西门坡的官道旁占地 20 余亩建厂，厂址邻近官道，距葡萄产地三公里，交通十分便利，另一旁是清源的瓜果蔬菜交易市场，地势优越，工厂位置选在了清源最理想的地址。山西省清源县益华酿酒股份有限公司占据天时、地利、人和条件，从此清徐葡萄酒走上了工业化、规模化生产，带动了地方经济发展。

益华商标 引自《民国文献资料丛编》商标公报（1923-1948）

山西省清源县益华酿酒股份有限公司章程中明确提到，"敬启者，晋省地大物博，古种富庶。""晋省出产品类不下数十百种，期间产地之广，原料之富，皆可取制成品远销中外，以杜洋货之侵入，而收外人之实利。"郑重地说明了办实业建公司的目的。"清源县向产各种果品甚多，尤以葡萄最为繁盛，每年产量计在二千万斤以上，大概皆以原料作为消耗品零星

益华公司简章、益华公司橡木桶 清徐葡萄文化博物馆藏

益华公司历任董事长

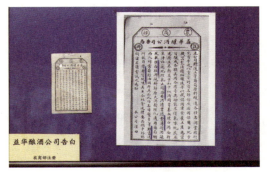

益华酿酒公司告白 清徐葡萄文化博物馆藏

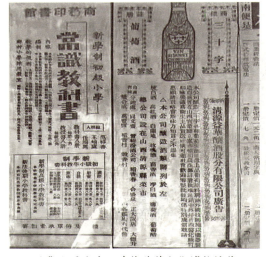

益华公司广告 清徐葡萄文化博物馆藏

售出，诚为可惜。"说明葡萄酿制酒的价值。"鄙人等有鉴于此，受集合同志凝聚简章，设立公司，投资购机，仿照西法精制葡萄酒、白兰地、红滔精酒。""为人民图利益，为国家争光华，故定名曰益华酿酒股份有限公司。"指出公司利国为民的意义。

公司成立后，从清徐当地收购了一批酿酒工具，从法国购买橡木桶、葡萄压榨机、手摇酒泵、吸水机、白兰地蒸馏机、压瓶盖机、打木塞机、打帽机，从盂县购买了大鬶锅，为葡萄酒生产做好了充分的准备。当时生产的产品有白兰地、炼白葡萄酒、高红葡萄酒、红葡萄酒、葡萄汁、葡萄醋等。公司生产进入正常后，利用报纸传单进行宣传，但销售并不稳定，再加上抗日战争时期社会动荡，销售业务时好时坏，公司勉强生存，静待时机，从1921年—1949年，公司先后换过三任董事长，但经营一直没有大的发展。

益华公司主要发起人介绍

张树帜，山西崞县文殊庄村人，晋绥军高级将领，国民政府陆军中将。

乔锦堂，山西祁县乔家堡人，乔致庸的孙子，武术家，被誉为"云中雁"。

常子襄，字赞春，榆次车辋村常家庄园人，民国七年被授予国文学士，三晋教育家，文化名人。

益华公司发起人张树帜
清徐葡萄文化博物馆藏

孟瑞锦，大同老字号"德泰珏"首席大买办，外语能力强，为欧美商人与中国商人的翻译，处理欧美国家商界与中国政府双向沟通。

邢克让，山西崞县人，"金融怪才"，绥远官僚资本家的代理，绥远总商会会长。

傅鹏海，山西忻县人，曾任山西省政府军务处处长，被南京政府授予中将军衔。

张廷秀，山西介休人，信仰天主教，对酿造葡萄酒有认识，对教会用弥撒酒了解。

李权臣，大同人。

范克仁，天津人。

益华公司发起人乔锦堂
清徐葡萄文化博物馆藏

郭德昌，山西阳曲县人，曾留学意大利，天津租界首席顾问。

耿桂亭，造产救国社章程审查人。

李德懋，山西大同人，武术家，得少林技击真传，任山西督军府副官长，晋军军长，1936年被授予中将军衔。

陈国砥，山西潞城人，太原天主教坐堂本堂

益华公司发起人常赞春
清徐葡萄文化博物馆藏

益华公司发起人张廷秀
清徐葡萄文化博物馆藏

益华公司赞成人陈国砥
清徐葡萄文化博物馆藏

主任司铎，太原明原中学校长，1926年7月14日被授予主教职务。

益华公司章程内容共六章（实为七章）34条，详细制定了公司的内部管理制度，据有关专家讲，这个章程在当时具备较先进的管理理念，当时股份制的有限公司在全国还少见。

敬启者，晋省地大物博，古种富庶，近时实业家皆以全晋煤矿之产额丰富，质料优美，不但冠诸全国，且甲于全球。以致实施探采者接踵而起，此乃开辟利源之一，途固当注重，然晋省出产品类不下数十百种，其间产地之广，原料之富，皆可取制成品运销中外，以杜洋货之侵入而收外人之实利。维持国货发展土产，就地取材设厂仿制，抱百折不回之精神，以赴之具群力诚志之毅力，而为之锐意振兴，悉心研究先求货品之精良，次图销路之广，充难意图植物其辅助人民生计，尤非浅鲜。鄙人等近查山西清源县向产各种果品甚多，而尤以葡萄为最繁盛，每年产量计在二千万斤以上。大概皆以原料作为消耗品零星售出，诚为可惜，鄙人等有鉴于此，爰集合同志拟具简章设立公司，投资购机，仿照西法精制葡萄酒、白兰地、红葡萄酒、精酒以及各种水果罐头等类，载运各大商阜销售，中外各国诚以吾晋天然之出产物制为人人之需要品，推广实业裨益社会，不数年间晋省工厂林立，工业发达，可断言也此实为人民图利益，为国家争光华，固定名益华酿酒股份有限公司拟定简章开列于后。

山西省清源县益华酿酒股份有限公司简章

第一章 总纲

第一条，本公司定名曰益华酿酒股份有限公司，于民国十年十月十日创立，故以三十字为商标。

第二条，本公司专用机制各种葡萄酒及其他罐头物品，以发展土产制销成品为营业。

第三条，本公司营业地点设于山西清源县西关，但为推广销畅得设支店于各处。

第二章 股本

第四条，本公司股本总额定为五万元，以一百元为一股，共五百股，分为优先、普通两种。开办前交足者为优先股，开办后交足者为普通股。但股东认股者至少以五股为起码。

第五条，本公司股票均系记名式，各股东倘有转让或售卖情事，必须双方预向公司声明，登记簿册后方为有效，但不得转卖与外国人。

第六条，本公司股东倘将股票息折遗失，须先将股东姓名、股数、银数、票折号数自行登报，声明作废并通知本公司，过三个月后，如查无纠葛，尚需取具铺保方能补发新票折。

第七条，本公司股票以票载姓名为标准并凭票折支取红利，如股东以股票有抵押情事，致出纠葛，发生交涉费用，本公司概不负责。

第八条，本公司自呈请核准之日起定以三十年为营业年限，限满后得由股东会决议如愿继续进行再照公司条例呈请展限。

第九条，本公司股本在营业年限内各股东不得抽提，倘有忧累除已缴股本外，与原认股者无涉。

第三章 股东会

第十条，本公司股东会由各股东组织之各股东每股有一议决权，十一股以上之股东每追加五股增一议决权，如股东有股份总数十分之一以上，之股东请求开股东会时董事有负召集之义务。

第十一条，本公司股东会分定期会、临时会二种，定期会每年于五月开，召集股东全体行之，临时会于要事发生时，由董事监察人或有股份总数十分之一以上之股东请求均得召集之。

第十二条，本公司股东会之议事以总股份三分之二以上股东到会。到会股东过半数之同意决定之可否，同数取决于主席，主席由股东临时公推，闭会后主席名义即行取消。

股东会选举董事及监察人时亦依前条办理。

第十三条，本公司股东会有决议公司内一切规则及决定营业进行方针之权。

第十四条，本公司每年五月内开定期股东会时务于一月前通知各股东或登报公告之，开会时须将上年内营业状况及将来进行方法，由董事会造具一切报告书报告与股东会。

第四章　董事及监察人

第十五条，本公司董事定为五人，监察人二人，由股东会于股东中选任之均为名誉职，不支薪水，但董事资格须认股在十股以上者方得被选。

第十六条，董事执行业务以过半数之议决行之。

第十七条，董事有代表本公司之权，本公司正副经理由董事会选任之并得解任。

第十八条，董事任期三年，期满后，但得连选连任。

第十九条，监察人有调查公司内业务情形及簿册信件，并一切财产之权。

第二十条，监察人任期一年，但得连举连任。

第二十一条，本公司自董事会成立后，其创立会名义及权限均即消减，但未了事件移归董事会接办。

第五章　职员

第二十二条，本公司设正副经理各一人，由董事会选任，主持公司内一切事务及任用技师既司务员之权，如有特别要事应请董事会决议。

第二十三条，本公司量事繁简得设技师若干人，司务员若干人分管各种事务。

第二十四条，本公司正副经理薪水由董事会定之，其他各职员薪水由正副经理协定之。

第二十五条，本公司股东及一切任事人员倘有假借公司名义行为或舞弊情事查有确，据按照公司条例。

第六章　罚则分别办理

第二十六条，本公司正副经理倘有懈怠及违背职务时，董事会有指示更正之权或召集股东会取消其职权。

第七章　计算

第二十七条，本公司股东抵分红利不给常息。

第二十八条，本公司每届年终应将各种簿册清洁，一次由监察人审核后交由董事会，于开股东大会时详为报告，如有赢余分作十二成，提二成为公绩，半成为优先股，特别利益六成为全体股东红利，半成为酬报董事监察人，三成为正副经理及全体办事人员红利，前项数目之分配得由股东会议决变更之。

第二十九条，本公司正副经理及全体办事人员之薪金均作为开支款项，不得由所分得之红利内扣除之。

第三十条，本公司公绩金另款存储以固信用，通常不挪用。

第三十一条，本公司遇有意外损失核计股本权及半数时应即停止营业报告股东会决议存废。

第三十二条，本公司内部办事规则另定之。

第三十三条，本简章所未规定者均遵照公司条例办理。

第三十条，本简章自奉主管官署核准批示之日施行，施行后如有变更事宜，得由股份总数额十分之一以上之股东提议遵照条例规定开股东会议，决修改呈报主管官庭备案。

发起人

张树帜　乔锦堂　常子襄　孟瑞锦　邢克让　傅鹏海　郝清济

郝清照　李枚臣　张廷秀　郭德昌　范克仁　陈茇仁　李文华

赵良珏　李士恒　范世钢　王羲笃

赞成人

耿桂亭　李德懋　成国丞　令狐舜卿　连挹清　韩芸青　赵佩卿

赵铸九　高宜生　李润法　王崇礼　陈国砥　刘占元　张希懋

侯汝瑞　郭　伊　韩敬亭　蓝懋林　郝清瑞　杜蓝田

益华公司简章精髓

1. 利用清源葡萄果品土产精制葡萄酒，为人民图利益，为国家争光华。

2. 公司开办地点、时间、产品明确产地，经营有特色。

3. 公司股本、股票及股票管理规则清楚，公司营业年限 30 年，股票不得转卖与外国人。

4. 公司最高权力、股东会、股东权益明确，董事、监事必须持十股以上。

5. 公司经理任命职责、义务、权益，公司计算分红规则。

6. 公司在主管官署批示后施行，合法合理，股份有限公司是当时先进的企业管理理念。

农商部注册　山西省清源县益华酿酒股份有限公司简章　清徐葡萄文化博物馆藏

二十八、石家庄酿酒厂榆次办事处清源办事处

1947 年石家庄解放后，1948 年成立石家庄酿酒厂（公营酿酒厂），起初是政府对酒类生产销售的专营机构，首任书记兼厂长是由老区调过来的程云山担任，酒厂把石家庄当地大一点的烧锅（酒坊）合并到一起，用接收的旧设备（包括库房、伙计）开始酿酒，程云山讲："石家庄市市长柯庆施当着财政局局长赵子尚的面下令，春节前无论如何要让全市人民喝上酒，过个好年。"1948 年 9 月 26 日，华北人民政府成立，同时公营酿酒厂改名为华北公营酿造公司，公司领导还是原公营酿酒厂（石家庄酿酒厂）的领导，公司下设 5 个白酒厂、1 个露酒厂、1 个制曲厂、1 个电磨厂。[①]

随着解放战争的节节胜利，华北公营酿造公司有了新的任务，为筹备建国准备用酒，开始收集原料扩大生产。当时石家庄地区的粮食、葡萄原材料不够用，于是到早已解放的山西晋中榆次收购酿酒原材料。1948 年 9 月 12 日来到榆次后成立榆次办事处，马丰庆带来贰亿元边币准备收购葡萄、高粱。马丰庆带领吴士桥、赵常海、柳厚勋从 13 日开始收购葡萄，两天收购 1315 斤，数量太少，进度也慢，当即就组织当地的几个货栈和贸易公司一同收购葡萄。即便如此，由于榆次地区本地所产葡萄不多，几天也没收了多少。

石家庄酿酒厂榆次办事处账本　清徐葡萄文化博物馆藏

---

①王律：《开国记忆》，中央文献出版社，2009 年，69 页。

9月17日，柳厚勋、吴士桥、赵常海到早已解放的清源县了解葡萄市场，在清源设点收购葡萄。由于清源葡萄数量多，质量好，卖葡萄的人很多，到9月26日办事处就收购葡萄95475斤。从榆次运至阳泉，通过火车运往石家庄。他们来清源吃住都在山西省清源县益华酿酒股份有限公司，了解到清源不仅有葡萄，还有葡萄干、杏干、粮食等农副产品，不仅品种多，数量也多。

石家庄酿酒厂榆次办事处账本　清徐葡萄文化博物馆藏

同年10月11日在清源成立办事处，马丰庆带来边钞两亿三百万元。清源办事处从一开始收购鲜葡萄，发展到后来收购葡萄干、杏干、小米、高粱等。

石家庄酿酒厂（公营酿酒厂）的榆次办事处、清源办事处，从1948

石家庄酿酒厂榆次办事处印花税票　清徐葡萄文化博物馆藏

年 9 月成立到 1949 年 6 月底止。在运营的 10 个月，通过对其账面时间研究分析，可以感受到当时筹备建国时间紧，任务重，办事处的工作一个紧接一个，责任很重大，这 10 个月的台账科目清楚，记账仔细，账本上还有印花税税票，很规范。

石家庄酿酒厂清源办事处薪金表
清徐葡萄文化博物馆藏

办事处最初用的是从石家庄带来的边钞（延安的货币），后来用的是冀钞（石家庄货币），那时候外地现钞不通行，折算成小米进行买卖交易，最初也没有银行等金融机构，办事处账本清楚记载着榆次人民银行 1949 年 1 月份开始有往来，清源人民银行 1949 年 5 月开始有往来。

通过账本可以看出，当时办事处的员工有马少峯（华北公营酿造公司副经理，1949 年初调到北京红星酒厂任筹备组长）、马丰庆（榆次办事处主任）、吴士桥（榆次办事处会计）、柳厚勋、杨丕孝、阴文科、赵常海、侯俊（益华公司家属）、康增茂、郜炳、魏双明等人。

据榆次办事处和清源办事处的银钱流水账记载，从 1948 年 9 月到 1949 年 6 月底累计收到从石家庄酒厂带来的 25.53 亿元钞洋（边钞、冀钞）。

石家庄酿酒厂榆次办事处账本
清徐葡萄文化博物馆藏

购货往来账记载，在这 10 个月中为减少运输成本，收购葡萄直接酿酒，榆次办事处在设点收购葡萄处酿制葡萄酒，清源办事处租赁山西省清源县益华酿酒股份有限公司的厂房设备聘用其员工收葡萄酿酒，两地收购葡萄共计 26.1 万斤（其中包括运往石家庄酒厂的），酿制葡萄汁 4992 斤，酿造葡萄酒 70529 斤，白兰地酒 11822.5 斤。

　　同时为多产白兰地酒，办事处专门收购葡萄干酿制葡萄酒、蒸烧白兰地酒。为公司增加收入，做土特产贸易，从清源收购葡萄干 51056 斤、杏干 1735.5 斤、玫瑰花 165 斤，在石家庄、北京、东三省销售。

石家庄酿酒厂榆次办事处账本
清徐葡萄文化博物馆藏

　　后来又为石家庄酒厂收购红粮（高粱）1180484.5 斤，专为酿造白酒用，收购小米 97029 斤、玉米 4010 斤，运到石家庄市场销售。

　　马丰庆主任带领全体员工到榆次后付边钞 343.4 万元，租赁榆次春茂栈的场地，付边钞 128.56 万元在清源租赁清源益华公司的场地。这些资金在办事处账目可以清楚看到，从石家庄往榆次、清源带两亿元以上大额边钞，都是马丰庆主任亲自带到，他当时带有手枪押运现钞，安全可靠，清源办事处账本上有给他换过一次手枪套的记录。

　　榆次办事处账本记载，一开始没有酿造工具，累计从榆次当地收购大缸 64 个，租赁大缸 52 个，收购小缸 7 个，收购小木桶 85 只，中木桶 4 只（豫慎、豫胜葡萄酒厂），从石家庄运来白兰地机，在榆次酿制葡萄酒、白兰地。这也证明榆次早年办过葡萄酒厂，有酿葡萄酒的木桶。

　　清源办事处账本记载，为准备灌装葡萄酒，收购酒瓶，3 斤瓶 12 个，1 斤瓶 1570 个，半斤瓶 993 个，同时收购打盖机 2 台，搅碎机 6 台，过淋机 2 台。

　　办事处账面记载，1948 年 10 月 28 日，收购清源县政府的小木桶 35 只，大木桶 4 只（中木桶），过淋机 1 台，搅碎机 2 台，据分析，这些设备可能是县政府收集其他葡萄酒坊，并转卖给清源办事处的。

清源办事处人员吃住全在清源益华公司，为了了解葡萄酒生产技术、益华公司的经营情况，同益华公司技术人员经理搞好关系，10月18日购戏票5张，11月8日购戏票7张，在清源西门坡槐树店请益华公司经理、技术员看戏，这笔支出在开支底账记得特别清楚。

1949年1月底，北京解放后，中央紧锣密鼓筹备建国大业，1月23日为了全部掌握葡萄酒技术，马丰庆专门请侯经理（侯锡功，益华公司副经理）洗澡。同年2月28日，吴士桥把侯经理请到石家庄进行沟通，讲明国家未来，让其加入新中国的葡萄酒企业参与管理。回清源后，3月8日华北公营酿造公司就购买了清源益华公司全部动产。

交际费中记载，为了提高工作效率，办事处购有两辆铁猫儿自行车（日本产），为了解国家形势，还订阅《山西省报》、《石家庄日报》、《晋中日报》。

清徐瓶装葡萄酒向外地运输最开始是用筐子垫麦秆装酒瓶，后来办事处在榆次沛霖村购买了200个木箱装葡萄酒，运输既方便，又有档次。

清源办事处账本记载，1949年4月6日购苇绳55斤，4月9日购马莲，用于自己的葡萄园。

榆次办事处、清源办事处使用的账本截止1949年6月底，7月份转交到新成立的公司，新公司的名称是华北露酒公司清源制造厂。

石家庄酿酒厂榆次办事处、清源办事处的银钱流水账、收发货账、购货往来开支底账、购粮账一直保存，现藏于清徐葡萄文化博物馆。

二十九、华北露酒公司清源制造厂

华北公营酿造公司的公营酿酒厂（石家庄酿酒厂）清源办事处，在清源设立以来，在清源西边山大量收购葡萄并酿制葡萄酒和白兰地，同时给石家庄酿酒厂收购小米和高粱，工作实实在在，也很顺利，得到当地政府和老百姓的信任和支持。随着 1949 年 1 月底北京和平解放，华北公营酿造公司领导迅速调整办法，在同年 2 月底预先和清源益华公司侯锡功副经理进行思想沟通，后和经理张必达进行协商，于本年 3 月初达成购买益华公司全部动产的协议。清源当时没有通用货币，全部动产折价 209831.5 斤小米（老秤），1949 年 3 月 8 日，华北公营酿造公司与山西省清源县益华酿酒股份有限公司两公司推接，制作推接登记表①。推接登记表中包括

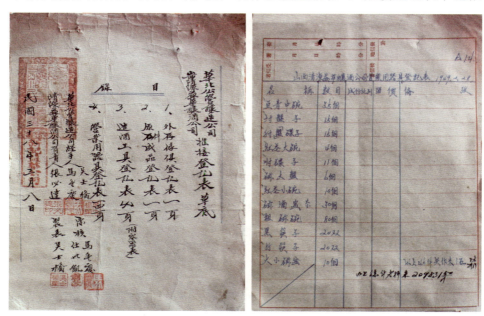

华北公营酿造公司与山西省清源县益华酿酒股份有限公司推接登记表
清徐葡萄文化博物馆藏

---

① 华北公营酿造公司与山西清源益华酿酒公司推接登记表，两企业交接表。

外存登记表一页，原料成品表一页，造酒工具、容酒器具六页，营业用器具表 14 页，华北公营酿造公司经手人马丰庆、吴士桥。清源益华酿酒公司负责人张必达。复核马丰庆、任世凯（益华公司会计）。制表吴士桥。推接登记后，清源办事处以每月 106800 元租赁益华公司的场地厂房。华北露酒公司清源制造厂从此诞生，开始进行各项经营活动，原清源办事处所有账目财产，

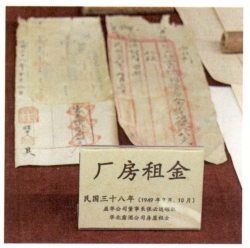

厂房租金凭证 清徐葡萄文化博物馆藏

同年 6 月底全部移交华北露酒公司清源制造厂。

1949 年 4 月 11 日，华北税务总局在北京召开首届酒类经营管理会议，会议确定对酒类实行专烧专卖（专酿专卖），不准私人酿酒，并成立华北酒业专卖公司，下设实验厂。[1]

1949 年 7 月 1 日，清源办事处停止运营，华北露酒公司清源制造厂

太原清徐露酒厂历史沿革资料
清徐葡萄文化博物馆藏

正式运营，正式使用新的账本记账。当时厂长和党支部书记由马丰庆一人担任，7 月底张利任厂长，侯锡功任副厂长，马丰庆任党支部书记。

同年 4 月 26 日，华北酒业专卖公司拟定会计规划，并加以解释。在华北露酒公司清源制造厂进行落实。

---

[1]北京二锅头酒博物馆：《王秋芳传》，知识产权出版社，2018 年。

1949 年华北露酒公司清源制造厂财
务账本　清徐葡萄文化博物馆藏

清源制造厂会计规划　清徐葡萄文化博物馆藏

清源制造厂新建财务账本　清徐葡萄文化博物馆藏

清源制造厂传票　清徐葡萄文化博物馆藏

　　在华北露酒公司清源制造厂新建的财务账本中，机器和生产工具科目里明确先记的是办事处移转来的设备，后记的是收购了清源益华公司的设备。清源制造厂的生产量有很大提高。

　　建国前后公司的运营比办事处更加规范，产品更加丰富，公司给国内市场提供了大量的产品，基本满足当时开国大典用酒及市场需求。

清源制造厂账本　清徐葡萄文化博物馆藏

1950 年，中央税务总局（原华北税务总局）召开第二届酒业经营管理会议，会议决定将石家庄露酒厂（石家庄酒厂）山西清源露酒厂（华北露酒公司清源制造厂）划归实验厂领导，成立中央财政部税务总局联合厂，北京实验厂（红星二锅头酒厂）石家庄露酒厂、山西清源露酒厂三个酒厂统一经营管理。实验厂下设工程股、业务股、会计股、研究室。山西清源露酒厂马丰庆、吴士桥出席了此次会议，会后根据"三厂会议"的决定，派王秋芳到

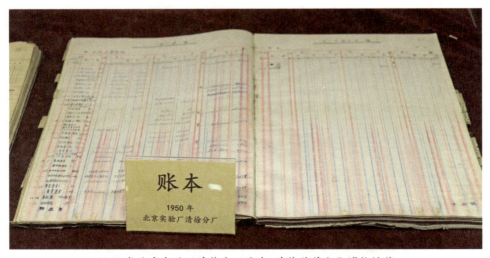

第一批酿酒央企 清徐葡萄文化博物馆藏

1950 年北京实验厂清徐分厂账本 清徐葡萄文化博物馆藏

清源露酒厂技术支援。这也是第一批中央直接管理的酿酒企业。①

1950 年，华北露酒公司清源制造厂的生产经营正常规范，每个品种从原料到半成品再到成品分别计算，一目了然，分级管理职责清晰。

1950 年北京实验厂传票 清徐葡萄文化博物馆藏

同年清源人民银行运营逐步正常，酒业税务有序增收。

北京实验厂银行往来、税票 清徐葡萄文化博物馆藏

①北京二锅头酒博物馆：《王秋芳传》，知识产权出版社，2018 年。

　　三厂统一管理后，清源制造厂和北京实验厂建立往来业务关系，以票据邮寄方式结算账款。

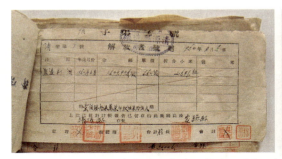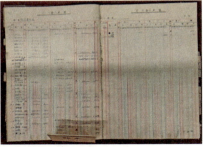

北京实验厂与清源制造厂票据　清徐葡萄文化博物馆藏

　　同年，华北露酒公司清源制造厂继续收购葡萄干、杏干，通过贸易买卖，提高该厂的经济效益。

收购葡萄干、杏干票据、账本　清徐葡萄文化博物馆藏

　　当年华北酒业专卖公司在全国各地建立专卖公司，仍使用实验厂转账收付凭证。

华北酒业专卖公司票据　清徐葡萄文化博物馆藏

1950 年清源制造厂葡萄基地的材料
清徐葡萄文化博物馆藏

从清源制造厂 1950 年账面上显示连续两年都购买架葡萄的苇子、苇绳、马莲，可以推断当时他们有一块葡萄地。

华北露酒公司清源制造厂的人们习惯叫它清源露酒厂（简称露酒厂），1951 年，清源露酒厂生产规模继续扩大，从企业的机器、生产工具、会计科目均可以体现出来，清源露酒厂是新中国当时酒类企业的代表性工厂，产品在全国各大商埠都有销售。

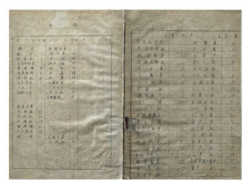
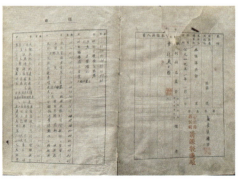

清源露酒厂账本　清徐葡萄文化博物馆藏

同年，华北酒业专卖公司统一经管酒类生产销售，从实验厂内部结算可以看清清源露酒厂转账通知单底本，北京实验厂查阅，石家庄露酒厂查阅。

清源露酒厂各大商埠结算单
清徐葡萄文化博物馆藏

清源露酒厂、北京实验厂、石家庄露酒厂票据　清徐葡萄文化博物馆藏

通过北京、石家庄、清源三地票据可以看出，当时酒类专营专卖在全国展开，国家税收已经规范。

同年清源露酒厂从华北酒业专卖公司北京实验厂划拨资金往来。

北京实验厂与清源露酒厂资金划拨票据　清徐葡萄文化博物馆藏

华北露酒公司清源制造厂当时有厂领导 3 名，员工 16 名，员工大部分是原来益华公司的。

华北露酒公司清源制造厂薪金表
清徐葡萄文化博物馆藏

1951 年华北露酒公司清源制造厂营业执照　清徐葡萄文化博物馆藏

三十、开国大典国宴用酒——清徐葡萄酒

1948 年 5 月 9 日，中共中央决定将晋察冀和晋冀鲁豫两个解放区及其领导机构合并，组成华北局华北联合行政委员会，华北人民政府于 1948 年 9 月 26 日正式成立，刘少奇兼任第一书记，董必武任主席。

1948 年 8 月—1949 年 9 月，中共中央香港分局和香港工委组织护送民主人士北上达 20 多次，沈钧儒、张澜、黄炎培、张伯钧等 350 多人，加上党内干部共 1000 多人，辗转到达北平，为新政协会议召开提供重要保障[①]。

1949 年 3 月 8 日，华北人民政府旗下的华北公营酿造公司代表马丰庆、吴士桥与山西省清源县益华酿酒股份有限公司代表张必达协商，以老秤 209831.5 斤小米折价购买了清源益华公司全部动产，同时租赁了清源益华公司的全部厂房，与事前清源办事处租赁益华公司场地所产的葡萄酒一同合并，统一管理，精准调试，选出最好的葡萄酒准备献给开国大典。

在清徐葡萄文化博物馆收集到的清源制造厂 1949 年的财务账本中记载，同年 7 月，清源制造厂调运石家庄露酒公司（厂）大软木塞 20 斤、大小葡萄汁 4231 瓶（50 箱）、白兰地原酒 4444 斤、白兰地原酒 1358 斤（益华）、炼白原酒 199 斤、葡萄原酒 5141 斤，这在 7 月 18 日的"清石字第一号信"存卷中也得以证实。

1949 年账本 清徐葡萄文化博物馆藏

①孟昭瑞：《共和国震撼瞬间》，人民文学出版社，2012 年。

华北露酒公司清源制造厂调酒记账凭证 清徐葡萄文化博物馆藏

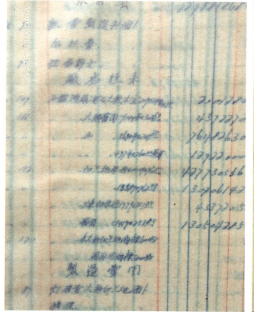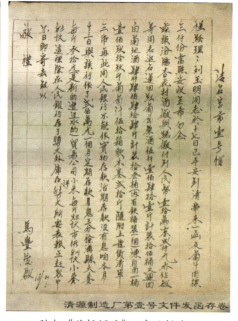

华北露酒公司清源制造厂账本
清徐葡萄文化博物馆藏

引自《葡根酒脉》 清源制造厂
清石字第壹号信

　　据有关资料记载，当时中华人民共和国刚成立，各种物资十分匮乏，清徐、石家庄、北京都没有找到葡萄酒专用瓶，后来从北京飞马啤酒厂调用一批棕色的啤酒瓶，将葡萄酒灌装，因此，开国大典宴会用的葡萄酒、白兰地、白酒，全部是用啤酒瓶包装，商标全部是统一用红五星、蓝飘带的"红星"商标，红星代表中国革命成功，蓝飘带代表人民载歌载舞欢庆胜利。据《王秋芳传》记载，该商标由集体研究决定，日本友人樱井安藏

开国大典用酒瓶标
清徐葡萄文化博物馆藏

完成设计。葡萄酒、白兰地装好后，运送到开国大典筹委处，公司光荣地完成宴用酒任务，也成为新中国的献礼酒。

1949 年开国大典选用清源葡萄酒后，清徐葡萄酒在市场销售和国家事务中有了很大的社会影响，需求量迅速增多，库存不多，酒厂决定加大收购葡萄，增加葡萄酒产量，满足市场供应和国家事务所用。1950 年华北露酒公司清源制造厂在葡萄还未成熟前就开始给葡农支付葡萄款，做期货贸易，同年 8 月 5 日，在西边山的黑鸡心葡萄产区与葡农预定，先付葡萄款，到 9 月 20 日以后黑鸡心葡萄完全成熟送到清源露酒厂。圆满地完成了收购葡萄、酿葡萄酒的任务，也为以后的收购葡萄酿酒开了个好头，打下了良好的基础。

同时协定要求葡萄必须过剪子，也就是对鲜葡萄进行修剪粒选，保证黑鸡心葡萄的质量。当时定价一斤小米换二斤葡萄，同时又定每斤小米折人民币 650 元，如遇自然灾害，将现有葡萄全部交到酒厂后，也完不成契约所定的数量，下欠之米按市折价交还清徐露酒厂。

清徐露酒厂 1949 年收购葡萄 37.164 万斤，1950 年收购葡萄 120.259 万斤，补足库存，满足供应全国市场销售所用葡萄酒。

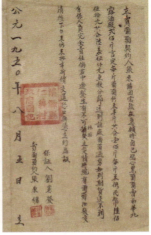

1950 年清徐葡萄期货契约 清徐葡萄文化博物馆藏

三十一、太原清徐露酒厂

太原清徐露酒厂的前身是 1921 年组建的山西省清源县益华酿酒股份有限公司，到今年已有 100 多年的历史，新中国成立后，在党和政府的关怀与大力支持下，露酒厂的生产逐年发展壮大，产品质量逐年提高，生产的罐头、果脯产品出口外销，山西干白葡萄酒被认可为出口产品，山西白葡萄酒在 1984 年全国酒类大赛中荣获中央轻工业部银杯奖，其他二十余种产品也被评为省、市优质产品，经济效益逐年增加。

在 20 世纪 90 年代，清徐露酒厂是市属国营企业，由太原市食品工业公司直接主管领导，中央轻工业部食品局把该厂的啤酒、葡萄酒、罐头生产列入国家计划，是全国重点食品工厂之一。

清徐露酒厂旧厂门、清徐露酒厂收购葡萄　武学忠摄

清徐露酒厂位于清徐县西关和仁义村的交界处，占地面积 13.1 万平方米，建筑面积为 4.7 万平方米，是一个以葡萄酒、啤酒酿造及生产罐头和果脯为主要产品的综合工厂，有正式工人 751 人，临时工人 400 余人，产品有四大系列，50 多个品种，产品畅销国内外市场，享有较好的信誉。

清徐露酒厂 1949 年至 1995 年累计上交国家利税 5000 余万元，为新

清徐露酒厂新厂门、部分产品 武学忠摄

中国的社会主义建设做出了贡献。从 1949 年到 1997 年在国家一些重大活动中起到重要作用。1949 年中华人民共和国成立的国宴上饮用的是清源露酒厂（华北露酒公司清源制造厂）的葡萄原酒。1973 年，法国总统蓬皮杜访问中国时在大同饮用的是清源露酒厂的葡萄酒。在当时的中国进出口商品交易会（广交会）上，该厂的果脯、杏脯荣获对外贸易部荣誉证书。

清徐露酒厂一角 武学忠摄　　　　　　太原清徐露酒厂厂史稿件
　　　　　　　　　　　　　　　　　　清徐葡萄文化博物馆藏

　　建国以来，清徐露酒厂是对外开放的重点厂，有来自罗马尼亚、阿尔巴尼亚、越南、英国、法国、丹麦的外宾来厂参观，有美籍物理学家任之恭、美国作家韩丁，澳大利亚、巴基斯坦、印度尼西亚、日本的代表进行参观，国内各省市军队的代表也常来参观。

清徐露酒厂党委会下设 11 个党支部。清徐露酒厂厂部下设 14 个科室、9 个生产车间即分公司。该厂有曙光、锦杯、黑森林、亚西亚等注册商标。

清徐露酒厂的生产技术当时在全国比较先进，比较规范。在 20 世纪五六十年代的葡萄教科书编写和国家葡萄酒技术标准制定都有参加，同时该厂自编制定了各种酒和果脯、罐头的内控标准，有的高于国标，并严格执行，产品质量得到保证。

清徐露酒厂产品企业标准 清徐葡萄文化博物馆藏

清徐露酒厂产品：

1. 山西白葡萄酒，以清徐龙眼葡萄和白羽葡萄为原料，1973 年产品行销中国香港、澳门地区及新加坡、马来西亚、东南亚等国家。（中国粮油进出口公司"长城"牌商标）

2. 山西干白葡萄酒，以清徐龙眼葡萄和白羽葡萄为原料，此酒除销至东南亚地区外，曾远销至英国。产品 1974 年被中央轻工业部、外贸部批准出口。1984 年在全国酒类大赛中获轻工业部银杯奖。

清徐露酒厂出口葡萄酒
清徐葡萄文化博物馆藏

3. 山西红葡萄酒，以清徐黑鸡心葡萄、龙眼葡萄为原料，是高雅名贵的赠送礼品。

4. 500ml 红葡萄酒，以清徐黑鸡心葡萄、晚红密葡萄为主要原料，品质优良，价格实惠，深受消费者的喜爱。

5. 柔丁香红葡萄酒采用本厂葡萄原酒与丁香浸泡液配制而成，是很受老百姓家宴饮用的一款低度饮料酒。

6. 500ml 白葡萄酒，原料以龙眼葡萄为主，色质淡黄色，酸甜适口，百姓十分喜欢。

7. 小香槟酒（汽酒），以白葡萄酒原酒为酒基，加入糖浆、香料，充入二氧化碳气调制而成，低酒度饮料，消暑降温的理想饮料。

8. 桔子汽酒，用桔子粉为原料，配以脱臭酒精和糖浆，充入二氧化碳气，为炎热季节的理想饮料。

9. 发酵葡萄汽酒，系用发酵白葡萄酒原酒为酒基，加入糖浆，充入二氧化碳气，有葡萄酒果香，大众化清凉饮料酒。

10. 贵妃酒，以红葡萄原酒为基酒，加入山西清徐特产小武大红枣及其它中药配制而成，有浓郁的枣香和葡萄酒果香，活血生津，驻颜强身。

11. 康乐酒，以人参、鹿茸、枸杞等名贵中药材与粮食白酒浸泡配制而成的滋补饮料酒，酒精度 40 度，有强身补血、开胃健脾之功效。

12. 青梅酒，传统露酒，以青梅干及粮食白酒、食用酒精为原料加工而成，酒精度为 32 度，酒色碧绿，酒香果香协调，甜绵适口。

13. 玫瑰酒，以清徐产的玫瑰花及粮食白酒、食用酒精为原料加工制成，酒液粉红色，有鲜明的玫瑰花香，酒香果香协调，甜绵适口，酒精度为 32 度。

14. 甜白兰地，以酿造葡萄酒时剩余的葡萄皮渣残留酒蒸馏而成，酒液清亮，有白兰地酒特有的香气，酒精度 40 度。

15. 啤酒，以麦芽、大米、酒花为主要原料，经低温发酵酿制而成，酒液呈淡黄色，酒精度 3.5 度，浓度有 10 度、12 度两种，每年炎热季节供不应求。

16. 晋清可乐，无酒精清凉饮料，采用滋补性药材配以糖浆，充二氧化碳气制成，有刹口力，可以兴奋精神，深受百姓喜爱。

17. 葡萄汁罐头，以清徐盛产的龙眼葡萄、黑鸡心葡萄、零旦葡萄为原料，榨出原汁，经灌装杀菌，富含有葡萄糖、有机酸、维生素，帮助消化、增加营养。

18. 糖水葡萄罐头，选用清徐产的玫瑰香葡萄为原料，经过分选、漂洗、预煮、装罐加糖液灭菌而成，有鲜玫瑰香葡萄口感。

19. 糖水杏罐头，采用清徐特产沙金红为原料，经过去核装罐加糖液灭菌而成，该产品杏香浓郁，色质金黄，远销日本。

20. 糖水桃罐头，采用清徐当地产的五月鲜、岗山白、大久保等品种的鲜桃为原料，经切瓣、挖核、脱皮、预煮、修整、装罐、加糖液灭菌而成，分黄桃、白桃两种，可助消化、增进食欲。

21. 糖水梨罐头，采用雪花梨为原料，经去皮、切瓣、挖核、泡洗、预煮、装罐加糖液灭菌而成，果肉呈白色、黄色，具有梨的清香，酸甜适口、软硬适度，深受百姓喜欢。

22. 糖水苹果，采用国光、红玉苹果为原料，经去皮、切瓣、挖核、泡洗、预煮、装罐、加糖液灭菌而成，内销产品，百姓十分喜爱。

23. 酒枣罐头，采用清徐壶瓶枣为原料，拌上高度粮食白酒，经装罐密封后灭菌，是传统的民间醉枣法制成，便于贮存和长途运输。

24. 咸核桃仁罐头，采用清徐、汾阳产的薄皮核桃为原料，该核桃仁肉色白，含油65%以上。将核桃仁筛选、吹风、去杂、预煮、油炸、冷却拌料，该产品色泽鲜亮，有核桃特有的风味，产品远销阿拉伯地区、日本、德国等国。

25. 琥珀核桃仁罐头，其用料及工艺与咸核桃仁罐头的生产基本相同，在预煮工序完后，加糖煮工序，然后油炸，迅速风冷，成品甜、酥脆、无焦糊味，呈琥珀色，光泽鲜亮。产品远销德国、日本等国。

26．圈形苹果脯，系山西省地方优质产品之一，专门按日本客商的标准要求生产的。选用新鲜红玉、国光苹果为原料，经过切片挖核、泡洗、煮制、糖浸、烘干、加葡萄糖粉制成，果味浓香，产品畅销日本及东南亚。

27．苹果脯系列，选用新鲜红玉、国光苹果为原料，经切瓣、挖核、泡洗、煮制、糖浸、烘干工序。色泽金黄，味甜酸适口，具有苹果清香。出口日本，国内少量销售。

28．轻糖杏脯：选用清徐特产沙金红杏为原料，经切瓣、挖核、泡洗、煮制、糖浸、烘干、压平工序制成。产品呈桔黄色、肉厚、味酸甜，杏味清香。深受国内外消费者喜欢，在国际市场上为高档畅销商品，远销日本及东南亚。

29．金丝蜜枣：传统出口产品，采用清徐、交城产的壶平枣为原料，经划纹、硫熏（无硫蜜枣不硫熏）煮制，糖浸半烘干、整形、再烘干。该产品肉质丰厚，吸糖饱满，质地柔韧，棕色半透明。主要出口日本及香港地区。

30．沙棘琼浆，以野生沙棘（又名酸柳）为原料，按科学方法酿制而成。是营养丰富的高级果酒，产品具有本果特有的果香，含有二十余种氨基酸与十多种微量元素。具有防癌抗癌、舒筋活血、消食健胃、消除疲劳等多种功效。

清徐露酒厂部分产品 武学忠摄

清徐露酒厂产品质量评比获奖情况

产品名称	证书名称	发奖单位	发奖时间
长青牌咸核桃仁罐头	省优质产品	山西省人民政府	1982 年
长青牌琥珀核桃仁罐头	省优质产品	山西省人民政府	1983 年
山西白葡萄酒	地方名酒	山西省革委会业务组	1974 年 10 月 17 日
山西白葡萄酒	信得过产品	山西省经济委员会	1978 年 10 月
山西白葡萄酒	著名商标	山西省工商行政管理局	1980 年 11 月 8 日
山西白葡萄酒	优质产品	山西省人民政府	1980 年
山西白葡萄酒	银杯奖	中央轻工业部	1984 年
金丝蜜枣	优质产品	山西省人民政府	1981 年
圈形苹果脯	优质产品	山西省人民政府	1981 年
果脯杏脯苹果脯	荣誉证书	对外贸易部	1983 年 12 月
特制啤酒	一等奖	太原市工业产品评比	1983 年
琥珀核桃仁罐头	一等奖	太原市工业产品评比	1983 年
咸核桃仁罐头	一等奖	太原市工业产品评比	1982 年

清徐露酒厂奖杯、证书 清徐葡萄文化博物馆藏

第六个质量月活动中荣获市食品工业公司产品质量奖

特制啤酒	质量奖	太原市食品工业公司	1983 年 10 月 24 日
锦杯红葡萄酒	质量奖	太原市食品工业公司	1983 年 10 月 24 日
苹果脯	质量奖	太原市食品工业公司	1983 年 10 月 24 日
琥珀核桃仁罐头	质量奖	太原市食品工业公司	1983 年 10 月 24 日

1984 年

1、省优质产品复查，山西白葡萄酒已评上。

2、糖水桃罐头：锦杯红葡萄酒、桔子汽酒等三种产品被评为市优质产品，太原市政府颁发证书。

3、经山西省轻工业厅组织的饮料酒评比，小香槟酒、桔子汽酒均被评为第一名。

1985 年

山西红葡萄酒被评为市优质产品。

1986 年

全省沙棘产品质量评比中，该厂的新产品沙棘琼浆，被国家水电林业部、轻工部，沙棘协调组评为优秀选，并获得证书。还有一个新产品名佳味葡萄酒。系采用南方罗汉果配制，除有葡萄酒的营养成分外。还有止咳、化痰、润肺等作用。为一种药疗饮料酒。

清徐露酒厂领导干部历史沿革
清徐葡萄文化博物馆藏

清徐露酒厂发展历史

清徐露酒厂从 1949 年接管清源益华公司后，该厂主要生产指标历年增长，反映出社会主义制度的优越性，工业总产值由 1950 年的 2.58 万元到 1985 年的 1146.92 万元。饮料酒产量由 1950 年的 8.31 吨，到 1985 年的 9423.56 吨。罐头由 1966 年投产时的 33.63 吨到 1987 年的 1003 吨。果脯由 1965 年恢复生产时的 66.7 吨，到 1985 年达到 285.15 吨，最高 1981 年达到 512.37 吨。清徐露酒厂到 1985 年，累计上交利税 3558.96 万元。

该厂旧址在西门坡菜市街官道旁，因建厂时间长久，厂房设备陈旧，不适应新形势的发展，从 1957 年起到 1960 年，累计国家投资 500 万元，在西关与仁义村交界处扩建新的葡萄酒厂，地址紧靠葡萄产区，新厂设计年产葡萄酒 1700 吨、果脯 200 吨。1970 年又新增啤酒 1000 吨，到后来达到 10000 吨，果露产量达到 2500 吨。

清徐露酒厂历年收购葡萄数量

单位：万市斤

年份	数量	年份	数量
1949 年	37.164	1967 年	108.51
1950 年	120.259	1968 年	116.87
1951 年	85.206	1969 年	110.00
1952 年	44.97	1970 年	143.9
1953 年	35.57	1971 年	120.48
1954 年	69.68	1972 年	134.78
1955 年	86.3	1973 年	215.00
1956 年	46.99	1974 年	196.5
1957 年	91.7	1975 年	214.4
1958 年	79.355	1976 年	295.818
1959 年	172.53	1977 年	19.00
1960 年	138.87	1978 年	49.71
1961 年	285.22	1979 年	161.51
1962 年	87.57	1980 年	89.86
1963 年	36.1	1981 年	127.65
1964 年	20.59	1982 年	191.9513
1965 年	59.55	1983 年	250.98
1966 年	54.29	1984 年	41.034
备注	从 50 年代至 80 年代的 30 多年中，葡萄收购量达到两次最高峰，第一次是 1961 年收购总量 285.22 万斤。最高一次为 1976 年收购量达到 295.818 万斤；这和葡萄生产年景有直接关系。其它因素、价格也起一定作用。		

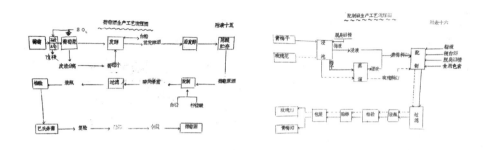

清徐露酒厂产品生产工艺流程图（1） 清徐葡萄文化博物馆藏藏

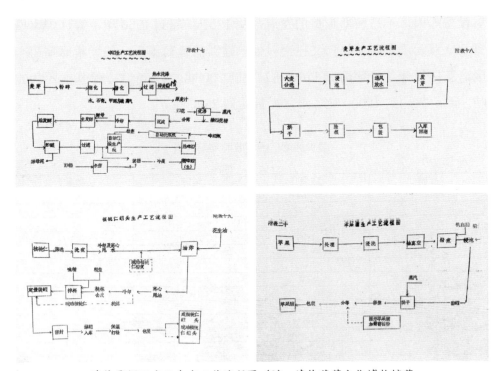

清徐露酒厂产品生产工艺流程图（2） 清徐葡萄文化博物馆藏

（以上资料和数字是根据 1986 年太原清徐露酒厂厂史初稿摘录）

清徐露酒厂建厂以来，一直在国家计划经济下运营，按照国家规划要求，统一计划，统一生产，统一销售。

改革开放后，企业自主经营，酒厂的经营理念跟不上市场的发展。1997 年太原市中级人民法院宣布清徐露酒厂破产，经营 76 年的清徐露酒厂一夜间消失，很是可惜。

2018 年，太原市清徐露酒厂原员工召开了一次联谊会——昔日的辉煌，永恒的怀念。

太原清徐露酒厂 2018 年职工联谊会 清徐葡萄文化博物馆藏

三十二、国家提倡发展葡萄种植、葡萄酒生产

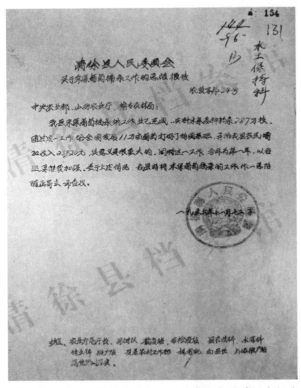

1956 年 11 月 12 日清徐县人民委员会采集葡萄插条报告
清徐县档案馆藏

国家第一个五年计划是 1953 到 1958 年，"一五计划"所确定的基本任务是集中主要力量，建立我国的社会主义工业化的初步基础，发展部分集体所有制的农业生产合作社，建立对私营工商业社会主义改造的基础，对重工业和轻工业进行技术改造，不断增加农业和工业消费品的生产，保证人民生活水平的不断提高。

1953 年清源西边山葡萄产区的村庄建立起了初级农业合作社，1954 年进入高级农业合作社，在集体合作社的推动和指导下，清徐葡萄的产量、管理技术有了很大的提高，是当时全国的优秀葡萄产区。

1956 年 3 月在全国糖酒及食品工业汇报会上，毛主席指示："要大力发展葡萄和葡萄酒生产，让人民多喝一点葡萄酒。"会后根据毛主席的指示，农业部同山西迅速安排，同时由中央财政划拨 550 万元对清徐露酒厂进行扩建，在仁义村和西关交界处占地 200 亩，进行厂地、厂房、车间、机器设备扩建。扩建后的葡萄酒产能达 2000 吨，果脯产能 200 吨，其他酒 1000 吨，职工人数 700 多人，这在当时是国内较大的葡萄酒生产企业。

　　1956 年 5 月，周恩来总理到太原进行了一次短暂的工作考察，期间对葡萄种植、葡萄酒生产进行了询问和了解。在考察结束登机离开太原时，周总理发现有人往机舱里送了一个箱子，便马上询问是什

清徐露酒厂原厂门　武学忠摄

么东西，随行工作人员告诉他是对降低血压有益的清徐产的葡萄汁，周总理听后亲自留下了 30 元人民币，按价买下。这个故事体现了周总理为政

清徐县 1956 年外省采集葡萄插条（销售）、本省采集葡萄插条统计表（销售）
清徐葡萄文化博物馆藏

清徐县 1956 年高级社采集葡萄插条统计表
清徐葡萄文化博物馆藏

清廉、两袖清风、一身正气、正人正己的崇高境界，同时也反映出清徐葡萄汁在当时是赠送贵客的上等佳品，清徐也是国家葡萄加工生产的主要地区。

高级社社名	村　名
胜利社	刘家园 圪垛儿
星星社	枣坪 黄土坡
黎明社	李家楼 迎南风
水保社	涧沟 碾底 东、西石窖
学苏社	后窑
中苏社	仁义村
葡果社	东马峪
八一社	果子园 闫庄 大旺
青山社	大峪
绿山社	毛儿梁
农林社	麦地掌 水峪 陈家坪
团结社	东梁泉
新实社	西梁泉
工农社	西马峪
金星社	都沟
建国社	平泉

高级社与现村名
清徐葡萄文化博物馆藏

1956年10月，根据中央农业部和山西省农业厅的要求，清徐县人民委员会认真落实秋季采集葡萄苗木供全国各地发展葡萄种植的工作，从本县胜利社、中苏社等16个种植葡萄的合作社共采集葡萄苗木2872730条，当时要求以原产葡萄为主，其中龙眼葡萄2302651条，黑鸡心葡萄436895条，驴奶葡萄45090条，瓶儿葡萄53815条。供外省采集插条2459189条，运往河南省、安徽省、甘肃省、陕西省、江苏省、山东省、西藏、北京市8个省市。

供省内采集葡萄插条415318条，供山西农学院、太原园艺场、太谷农校、太谷625农场和榆次、阳曲、阳高、大仁、榆社、中阳、盂县、绛县、雁北、交城等院校和县区。

同年11月12日，清徐县人民委员会在向中央农业部、省农业厅作关于采集葡萄插条工作的总结报告中提到：我县采集葡萄插条的工作已完成，共计采集各种插条287万枝，通过这一工作给全国发展11万亩葡萄种植打好了物质基础，并给我县农民增加收入23920元。不仅圆满完成了上级下达的任务，且以后此项工作还需继续加强，鉴于上述情况，我县特将采集葡萄苗插条的工作做一总结。这充分说明了清徐葡萄产区当时是全国最大的葡萄产地，清徐葡萄是全国品质最好的葡萄之一。

三十三、山西省清徐县葡萄酒厂

建厂时党支部书记
郜来福
王计平摄

建厂时厂长王光华（右一）、
副厂长袁龙民（左一）
王计平摄

1978年国家改革开放后，马峪公社落实国家政策，各大队（村委会）开始以户承包各生产小队的葡萄地，葡农各自管理，多产多得，充分发挥广大葡农的主动性和积极性，清徐马峪葡萄产量也有了大幅提高，到1983年，国家第一轮土地承包10年不动，这一政策给广大葡农吃了一颗定心丸，马峪种植葡萄的农民积极性就更高了，葡萄地投入由短期行为变成长期行为。

随着马峪葡萄产量的大幅增产，葡萄销售难，成为政府急待解决的问题。为解决卖葡萄难，1982年春，马峪公社决定委派郜来福为书记，王光华为厂长，袁龙民为副厂长，在仁义村的白石南河建一个葡萄加工厂，由于当时还是计划经济，葡萄加工厂一直没有批准，后来注册马峪葡果加工厂，一直到1984年注

山西省清徐县葡萄酒厂1982年厂牌 清徐葡萄文化博物馆藏

清徐县葡萄酒厂一角 王计平摄

册命名为山西省清徐县葡萄酒厂，属马峪乡企业办统管。

同时，工厂一直在筹建，当时实行计划经济，木材、钢材、水泥、汽油全部用指标购买，因物资缺乏，再加上企业没有自有资金，一直到1985年清徐葡萄酒厂才建成投产。酿葡萄酒所用的破碎机、压榨机、白兰地蒸馏酒、酒泵、锅炉等，全部配套齐全，共建水泥发酵池108个，每个发酵池10吨。冷冻罐10个，每个冷冻罐30吨，于当年收购葡萄进行酿酒，当时葡萄酒厂得到县政府的大力支持，从露酒厂调来了王佑权生产主任为技术总指挥（原益华公司工人），薛丙文、张全海、崔应保为技术员，刘愣儿、张丑货为技术工人，帮助建厂，组织生产。

清徐县葡萄酒厂葡萄酒水泥发酵池 王计平摄

在王佑权师傅的指挥下，基建设备很快到位，一边安装，一边组建葡萄酒发酵车间、灌装车间、蒸馏车间、锅炉车间，进行人员分工，制定生产工艺流程，制定各车间管理制度，聘请的技术员分工把口，为当年收购葡萄做好了充分的准备。9月份开始收购黑鸡心葡萄和白玉葡萄。同时及早准备酵母发酵葡萄酒，调试蒸汽锅炉蒸馏机组。王佑权一面组织生产，一面对主要员工进行技术培训，讲解葡萄酒发酵过程的主要环

葡萄酒冷冻罐 王计平摄

节和发酵理论。

　　王佑权是清源益华公司的员工，酿制葡萄酒时间长，技术很全面，实践经验丰富，他将理论和实践结合为工人们讲解酿酒技术，员工很愿意听。特别讲到炼白葡萄酒，是清源最好喝的酒，把龙眼葡萄破碎取汁，用蛊锅熬煮，5~6斤葡萄产1斤酒，成本高。白兰地酒酒度高，比粮食酒香。1949年益华公司改为清源露酒厂后，马丰庆让他们把库里的酒进行整合，

葡萄酒打盖机
清徐葡萄文化博物馆藏

葡萄破碎机
清徐葡萄文化博物馆藏

葡萄压榨机
清徐葡萄文化博物馆藏

白兰地蒸馏机
清徐葡萄文化博物馆藏

该合并的合并，该蒸馏的蒸馏，7月18日调酒后，他们才知道是为北京的第一届政协会议和开国大典做准备。

在王佑权等师傅的指导下，到1985年底生产红葡萄酒210吨，白葡萄酒86吨，白兰地6.1吨。从此山西省清徐县葡萄酒厂的葡萄酒生产就一步一步地走上正轨，由于当时实行计划经济市场还没有完全放开，葡萄酒厂主动和省市糖酒公司联系销售，产品在全省各地逐步推开。

山西省清徐县葡萄酒厂的产品于1986年春节上市，当年的产品有红葡萄酒、白葡萄酒、柔丁香葡萄酒、白兰地，以后增加中国山西白葡萄酒、优质红葡萄酒、双喜红葡萄酒、康寿酒、优质白葡萄酒等系列葡萄酒产品，产品很快得到市场的认可。

清徐县葡萄酒厂产品、合格证　清徐葡萄文化博物馆藏

山西省清徐县葡萄酒厂在李汉成书记、赵贵生厂长的带领下，1985年被太原市乡镇企业管理局评定为开发新产品先进单位，被清徐县委、清徐县人民政府评为文明单位。清徐葡萄酒厂的白葡萄酒在1986年荣获太原市人民政府优质奖，该厂的乐乡牌白葡萄酒1986年荣获山西省人民政府优质产品奖。1988年在首届中国食品博览会上，该厂生产的乐乡牌白葡萄酒荣获博览会铜奖。1989年省食品工业协会、省食品工业技术开发总公司给予该厂表彰。

1986年葡萄酒厂领导与师傅　清徐葡萄文化博物馆藏

清徐县葡萄酒厂奖状、证书　清徐葡萄文化博物馆藏

杏花村汾酒(集团)公司文件

杏酒集(联)字(2000)第1号　　　签发：杨寿元

★

关于表彰九九年度联营企业先进
单位的决定

为了圆满完成公司九九年度的总体计划，各联营厂在诸多困难的情况下，紧紧和集团公司团结在一起，狠抓生产工艺，严把产品质量关。通过上下共同努力，全年共生产65°清香大曲酒4998.1吨，完成计划的119%，交售61°优质杏花村散白酒3787.5吨，完成计划的90.18%，平均出酒率为45.30%，比计划提高3.30%，圆满完成九九年度的各项任务。为了表彰先进，激发干劲，经公司研究决定，对在九九年度各项任务完成突出和比较好的单位分别给予奖励：

一等奖：杏汾酒厂、葡萄酒厂，分别奖给：奖状一块，奖金8000元；

二等奖：晋水酒厂、晋川源酒厂，分别奖给：奖状一块，奖金6000元；

三等奖：神泉酒厂、冀村酒厂，分别奖给：奖状一块，奖金4000元。

望各单位再接再厉，在新的一年里，做出更大的成绩。

此决定

汾酒(集团)公司
二〇〇〇年元月二十六日

清徐县葡萄酒厂与汾酒厂联营合作　清徐葡萄文化博物馆藏

山西省清徐县葡萄酒厂在 1989 年与山西杏花村汾酒集团联合生产散白酒，供汾酒集团杏花村酒专用。由于当地水好，酿造技术先进，再加之管理严格，生产出的散白酒酒质合格率高，1997 年、1998 年连续两年被评为先进单位，1999 年白酒被评为一等奖。葡萄酒厂的清香白酒酿造技术一直得以保护传承，后来生产的马峪王酒得到市场认可。

清徐县葡萄酒厂与汾酒厂联营锦旗、奖状 清徐葡萄文化博物馆藏

汾酒集团公司联营企业工作会议集体照 清徐葡萄文化博物馆藏

杏花村葡萄酒公司成立资料　清徐葡萄文化博物馆藏

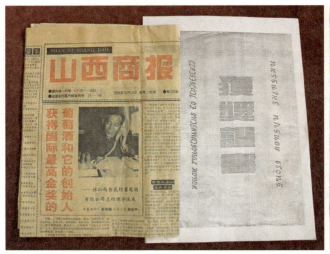

杏花村葡萄酒公司产品获奖　清徐葡萄文化博物馆藏

1995 年，山西省清徐县葡萄酒厂与杏花村汾酒集团合资组建杏花村葡萄酒有限公司，利用清徐产的优质葡萄酿造葡萄酒，通过两厂的共同努力，当年组织生产酿造干白葡萄酒，由于那年清徐的白玉葡萄丰收，品质高，平均糖度在 22 度以上，同时采用了先进的酿造工艺酿制干白葡萄酒，产品在第二年河北沙城长城葡萄酒公司召开的葡萄酒行业评酒会上得到专家的赞誉。1997 年，杏花村干白葡萄酒在法国巴黎国际名优新产品博览会暨荣誉评奖会荣获国际最高金奖。

清徐葡萄酒厂建厂后，生产各种葡萄酒，销售正赶上了计划经济的末班车，在省副食公司的统筹计划下，产品在全省市场很快铺开，得到市场的认可，产品销售在一些地区供不应求。随着改革的持续深入，从计划经济走向市场经济。乡政府企业办对葡萄酒厂进行了一次从管理体制上

清徐葡萄酒厂印章
清徐葡萄文化博物馆藏

的改革，当时分管企业的乡长赵三海根据上级改革精神结合本乡实际情况，对葡萄酒厂进行委托承包，即企业法定代表人承包企业，企业每年上缴政府承包费，企业的所有资产不能减少，自营自销，多余多得，这种方法既符合当时的改革政策，又保住了一批葡萄酒厂这样的企业，乡政府也有了固定的收入。山西省清徐县葡萄酒厂在改革中充分发挥广大工人的积极性，继续生产运营，保持市场占有率。

全体职工在五台山旅游 清徐葡萄文化博物馆藏

三十四、山西省清徐葡萄酒有限公司

2004 年，随着改革开放政策继续深层次的推进，清徐葡萄酒厂的运营体制限制了企业的发展。马峪乡政府提出对葡萄酒厂进行改制，正好原承包的合同即将到期，后来通过竞标拍卖，王计平、武润仙竞标成功，很快办妥改制手续，把葡萄酒厂接转过来。

（一）进行基础改造

改制后的山西省清徐葡萄酒有限公司在艰难中前进，寻找公司的发展方向，到 2011 年公司申报的两个省级非物质文化遗产申报成功，至此公司有了明确的发展经营方向，以清徐葡萄酒酿制技艺为公司的技术范畴，促使公司产品上新台阶，带动产品销售，同时积极发展葡萄基地，同葡萄生产合作社签订购销协议，保证原料质量，明确了企业文化是今后公司发展的重要基础，大力发展清徐葡萄历史文化的建设，以文化为灵魂，指引企业各项工作，使企业尽快走上发展快车道。

山西省清徐葡萄酒有限公司葡萄基地 王计平摄

2014 年，葡萄酒有限公司改制已经 10 年，公司的产品在市场上有了一定的知名度，企业的经营思路、管理方法也得到社会的认可，马峪系列酒在当地市场有一定的份额。同年市财政划拨扶持款 150 万元，对公司葡萄酒发酵车间进行全面改造。

建厂时的 10 吨水泥发酵池用了 30 年了，里衬脱落，池壁渗漏，于是把水泥发酵池全部换成了 30 吨的不锈钢发酵罐、贮酒罐，产能由原来的 1000 吨提高了 1300 吨。发酵罐、贮酒罐、车间地板全部采用 304 不锈钢，改造后整个车间焕然一新，产量增加，这也充分体现出政府对企业的关怀

山西省清徐葡萄酒有限公司改建后发酵车间　王计平摄

和扶持。

　　2015年在董事长武润仙的带领下，公司新建550平方米的地下酒窖，一层库房，二层质检中心、研发中心。质检研发中心的成立，进一步加大了公司技术研发力度，也提高了产品质量。地下酒窖新购120只进口橡木桶，不仅增加了酒的存储量，而且也提升了葡萄酒的品质。

山西省清徐葡萄酒有限公司地下酒窖　王计平摄

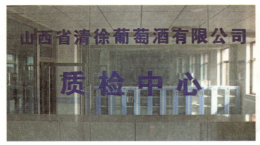

山西省清徐葡萄酒有限公司研发中心与质检中心　王计平摄

因当时建筑材料短缺，建厂时的库房，房屋结构简单，历经30余年，有的地方破烂不堪，1989年又对当时的库房进行全部改造。白酒车间，在原有的基础上打通了中间的隔墙，更好地利于生产。

山西省清徐葡萄酒有限公司改建的博物馆　王计平摄

2016年公司经过统筹规划，增加使用面积，改建了原有的白酒发酵车间，新建了葡萄文化博物馆。

山西省清徐葡萄酒有限公司改建的博物馆　王计平摄

公司把旧的车间全部拆掉，改建成框架结构的三层楼房，第一层是白酒生产车间，第二层是库房、品酒室，第三层是清徐葡萄文化博物馆，第四层（半层）是葡乡民俗展示馆。

关于清徐葡萄文化的收集与研究，公司从 2006 年开始就有设想，在公司大门西的销售室旁一间的库房，收集存放了陆续收回来的葡萄地用具和民俗器具。后来公司开始大量收购有关葡萄、葡萄酒的实物资料。2010 年在县政府的倡导下，投资 24 万元在仁义村榆古路建了一个清徐葡萄文化研究院，由于研究院和酒厂不在一处，管理十分不便，过了一段时间后停止运营。

山西省清徐葡萄酒有限公司葡萄文化研究院
武学忠摄

（二）研究清徐葡萄文化历史

2011 年随着清徐葡萄酒酿制技艺和清徐熏葡萄技艺两项省级非物质文化遗产申报成功，公司开始大量收集关于清徐葡萄、葡萄酒的历史资料。清徐葡萄种植历史悠久，栽培方法与众不同，葡萄加工技艺特殊，收集保护清徐葡萄历史文化很有意义。在收集过程中，公司大力宣传收集内容，讲明收集的目的和用途，只收清徐葡萄文化史料，不是收古董。俗话说"众人拾柴火焰高"。王计平利用葡萄产区的同学关系在全产区一起收集，他在清徐中学读初中时，同班同学是都沟村、仁义村、李家楼村三个村的，邻班同学是东马峪村、西马峪村的。在清徐中学读高中时，全班有 20% 的同学是葡萄产区的，再加上这些同学的哥哥姐姐，为收集史料提供了很大的方便。有些史料是通过他们走访老农和本户长辈收集来的，在葡萄产区的同学的家中设临时收贮点，以点带面，大家一起努力，收集了不少珍贵的清徐葡萄文化的历史资料。

再一个是利用清徐露酒厂职工进行收集。太原清徐露酒厂破产后，大部分职工手中都留有当时的资料或实物。通过广泛的宣传，有的职工把自己手中保存的与葡萄酒生产有关的史料全部赠送公司，有些史料比较珍贵，如"曙光"牌葡萄酒，清徐露酒厂企业产品的内控指标、操作规程、太原清徐露酒厂厂史、产品和产品商标，及清徐露酒厂的老照片，这些史料记载了清徐葡萄酒的一段发展历史，也给清徐葡萄文化博物馆添光加彩。

作者 1972 年清中毕业照 清徐葡萄文化博物馆藏

作者 1974 年清中毕业照 清徐葡萄文化博物馆藏

（三）组建清徐葡萄文化博物馆

到 2012 年，在葡萄酒公司的大门东面腾出八间平房，把旧的葡萄文化研究院的展品全部搬过来进行展示，当时叫做往事馆，效果很好。2013年全国葡萄产业技术体系年会代表参观后给予很高的评价。于是就产生了扩建成博物馆的念头，2016 年白酒车间改造扩建博物馆，一举两得，收到好的效果。被太原市工业旅游发展指导与示范点评定委员会评为太原市工业旅游点。2018 年，取得 AAA 级国家旅游景区证。

山西省清徐葡萄酒有限公司文旅证件 清徐葡萄文化博物馆藏

博物馆建成后，在业内人士和相关专家的指导下，经过三次调整布局，现在共有 6 个展室 29 个展位。

一室：清徐葡萄渊源。1. 世界葡萄属分布，清徐仰韶文化遗址，仰韶文化时期清徐葡萄酒。2. 历代文人墨客对清徐葡萄赞美，清徐西边山葡萄地遗址。

清徐葡萄文化博物馆一室一角 王计平摄

二室：清徐葡萄根脉。1. 世界黄金 38 度葡萄产区，近代清徐葡萄地契约，马峪葡萄试验站。2. 清徐葡萄品种 180 余种，其中原产葡萄 4 种，常惠出使西域带回补充葡萄品种。3. 葡萄文化内涵艺术价值，砖雕、木雕、石雕。4. 毛主席指示全国发展葡萄。

清徐葡萄文化博物馆二室一角　王计平摄

三室：葡萄农耕用具。1. 二十四节气葡萄农耕图。2. 葡萄压条法，土质、肥料、水资源。3. 葡萄用具，圪垯镰、运输工具、苇篓等。

清徐葡萄文化博物馆三室一角　王计平摄

四室：百年清源益华。1. 百年橡木桶。2. 益华公司历史。3. 益华公司商标、商品、生活用具。

清徐葡萄文化博物馆四室一角　王计平摄

　　五室：国宴葡萄酒。1. 建国时三家央企酒类专卖实验厂。2. 榆次、清源办事处。3. 推接登记表。4. 国宴用酒壹号存卷。5. 1949 年会计账本。6. 清徐露酒厂。7. 国内专家参观留言。8. 清徐葡萄酒厂。

清徐葡萄文化博物馆五室一角　王计平摄

　　六室：非遗展示室。1. 炼白葡萄酒技艺。2. 炼白葡萄酒唐时记载。3. 炼白葡萄酒三大特点。4. 炼白葡萄酒国际金奖。5. 清徐葡萄干熏制工艺。6. 清徐葡萄干唐书记载。7. 清徐龙眼葡萄土窑洞储存。

清徐葡萄文化博物馆六室一角　王计平摄

　　为了传承清徐葡萄文化，保护清徐的葡萄文化资源，清徐葡萄酒有限公司将清源益华公司的三十字盾牌商标重新在国家工商局申请注册，并于 2019 年 6 月 7 日批准，使清徐葡萄酒行业 100 年的商标得到保护。

清徐葡萄文化博物馆一角　王计平摄

2011年清徐葡萄酒酿制技艺获得省级非遗后，公司加大品牌宣传推广力度，聘请原清徐露酒厂鲍明镜为公司总工程师，对古法炼白葡萄酒技艺进行进一步的研究，从色质、香气、口感制定公司内控标准，提高产品的内在质量，同时成立非遗大师工作室，培养5名非遗传承人，按照古法工艺手把手传教，经过各方努力，炼白葡萄酒于2019年荣获国际葡萄酒（中国）大奖赛金奖。

清徐葡萄文化博物馆一角 王计平摄

清徐葡萄文化博物馆建成后，公司坚持免费对外开放，大学生来调研，中小学生来研学，社会团体来参观，现已成为中国葡萄历史文化的一张名片。

博物馆建成后，来参观指导的国内外专家对博物馆给予高度评价，并一致认为清徐葡萄文化博物馆是全国唯一的葡萄文化历史博物馆。清徐葡萄历史文化就是中国葡萄历史文化的代表，研究清徐葡萄历史文化显得尤为重要。

新中国成立后，国家对葡萄、葡萄酒发展很重视。在全国推广本土原有葡萄品种，先将清徐葡萄向全国推广，同时引进国外葡萄品种，成立了大小不同的葡萄种植研究单位。在大学有了葡萄、葡萄酒专业教学体系，使中国葡萄、葡萄酒文化研究走上快车道。

清徐悠久的葡萄历史文化引起国内外专家的高度重视，德国美因茨大学教授柯彼德三次来清徐考察，第二次是同美国宾夕法尼亚考古与人类学

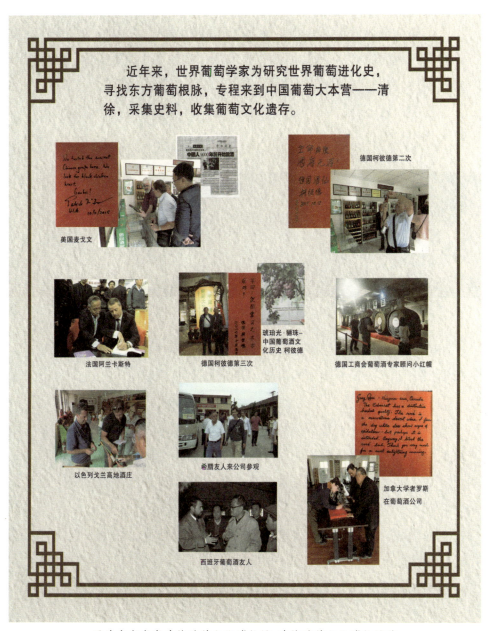

近年来，世界葡萄学家为研究世界葡萄进化史，寻找东方葡萄根脉，专程来到中国葡萄大本营——清徐，采集史料，收集葡萄文化遗存。

美国麦戈文

德国柯彼德第二次

法国阿兰卡斯特

德国柯彼德第三次

琥珀光·骊珠－中国葡萄酒文化历史 柯彼德

德国工商会葡萄酒专家顾问小红帽

以色列戈兰高地酒庄

希腊友人来公司参观

加拿大学者罗斯在葡萄酒公司

西班牙葡萄酒友人

国外专家考察清徐葡萄文化博物馆 清徐葡萄文化博物馆藏

国内专家考察清徐葡萄文化博物馆 清徐葡萄文化博物馆藏

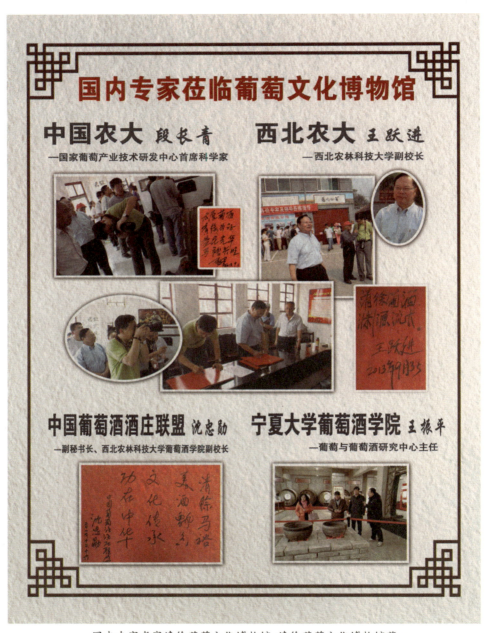

国内专家考察清徐葡萄文化博物馆 清徐葡萄文化博物馆藏

教授麦戈文一同来清徐考察，研究中国葡萄根脉，首先去葡峰山庄考察龙眼葡萄的种植生长区域，在清徐葡萄酒公司品尝了龙眼葡萄和龙眼葡萄炼制的炼白葡萄酒，留言："我在这里品尝到中国古代的葡萄，我们寻找黑鸡心葡萄，干杯！"柯彼德留言："生命有限，酒海无涯。""子曰，饮而常习之，不亦乐乎。"

法国阿兰卡斯特、以色列戈兰高地酒庄酿酒师、加拿大学者罗斯、德国葡萄酒专家顾问小红帽（中国名）、布鲁塞尔国际葡萄酒大赛评委吴小妹，对清徐葡萄的栽培技术、历史文化、清徐葡萄酒酿造技艺酿制的炼白葡萄酒，都给予了很高的评价。

2013 年，国家葡萄产业技术体系首席科学家、中国农业大学食品科学与营养工程学院葡萄和葡萄酒研究中心主任段长青，同西北农林大学副校长王跃进教授带领全国葡萄种植专家来清徐考察，对清徐葡萄给予很高的评价，并留言："太原葡酒，清徐为证，益民光华，马裕兴旺。""清徐葡酒，渊远流长。"同期到会的专家学者一致认为清徐葡萄文化博物馆在全国是唯一的葡萄历史文化博物馆。清徐葡萄历史文化代表中国葡萄的历史文化。2018 年国家葡萄产业联盟年会在清徐召开，使得全国葡萄种植专家对清徐葡萄历史文化有了进一步了解，同时对研究中国葡萄、葡萄酒的历史文化起到促进作用，增加了中国葡萄、葡萄酒的文化自信。

2017 年，中国葡萄酒酒庄联盟副秘书长、西北农林科技大学葡萄酒学院常务副院长沈忠勋与宁夏大学葡萄酒学院葡萄与葡萄酒研究中心主人王振平一同来到清徐葡萄酒有限公司考察，参观葡萄文化博物馆后，品尝了炼白葡萄酒，留言："清徐马峪，美酒飘香，文化传承，功在中华。"同时指出清徐葡萄文化博物馆不仅是清徐的，更是国家的，它代表着国家葡萄、葡萄酒历史文化。

近期，上海交通大学葡萄与葡萄酒研究中心主任卢江和山西农业大学果树研究所所长赵旗峰等来葡萄文化博物馆考察，品尝炼白葡萄酒后，对

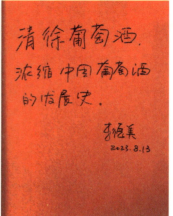

中国酿酒工业协会葡萄酒国家评委、中国酿酒工业协会酒庄联盟副秘书长、中国葡萄学会葡萄酒专业委员会副主任李德美考察　武学忠摄

葡萄文化和炼白葡萄酒给予高度评价。

　　中国葡萄学会葡萄酒专业委员会副主任、中国葡萄酒专家委员会委员、中国葡萄酒国家评委李德美于2023年8月13日参观了清徐葡萄文化博物馆并留言："清徐葡萄酒浓缩中国葡萄酒的发展史。"

　　清徐葡萄文化博物馆是中国葡萄历史文化的宝库，也是保护和传承人类文明的重要殿堂，是连接过去、现在和未来的桥梁，让民众走进博物馆，爱上博物馆，保护和传承清徐葡萄历史文化，增加历史自信、民族自信、文化自信。为了使清徐葡萄文化博物馆在国内增加影响，公司组织了摄影大赛。每年5月18日国际博物馆日组织活动，提高民众对博物馆的认可度。

迎新春葡萄酒摄影大赛　武学忠摄

　　国际博物馆协会对博物馆的新定义："博物馆是为社会服务的非营利性常设机构，它研究、收藏、保护、阐释和展示物质与非物质遗产。向公

518 国际博物馆日活动 武学忠摄

众开放，具有可及性和包容性，博物馆促进多样性和可持续性。博物馆以符合道德且专业的方式进行运营和交流，并在社区的参与下，为教育、欣赏、深思和知识共享提供多种体验。"

清徐葡萄文化博物馆是代表中国葡萄、葡萄酒的历史文化展馆，它讲述了远古葡萄属在全球的留存，葡萄属在中国的生物密码，解读了葡萄在清徐上千年延续传承的历史，反映了清徐葡萄、葡萄酒在各个历史时期的发展，也记载了对国家、对民众的贡献，公司正以清徐葡萄悠久的历史文化为基础，用非遗炼白葡萄酒独有的工艺，独有的口感，进一步促进清徐葡萄酒今后更大的发展。

通过博物馆对葡萄历史文化的收集研究，使清徐葡萄酒的传承发展有了明确的方向。公司利用清徐百年的葡萄酒商标，塑造品牌，找准产品定位，研发出适应市场的产品，使产品在市场上有了进一步的认可度。

山西省清徐葡萄酒有限公司注册商标

（四）公司系列产品

1. 葡萄酒

非遗工艺酿造的炼白葡萄酒，产品特点是原料独特，选用清徐原产龙眼葡萄；工艺独特，煮炼浓缩酿造；口感独特，酸甜可口，幽雅醇厚。

清徐葡萄酒公司炼白葡萄酒产品

清徐葡萄酒公司干红葡萄酒产品

干红葡萄酒，采用赤霞珠葡萄精准酿造，产品达到世界一流水平。

清徐葡萄酒公司红葡萄酒产品

红葡萄酒，一种甜型葡萄酒，由赤霞珠葡萄和龙眼葡萄酿制而成，滋味丰富，口感怡人。

2. 葡萄汁饮料

纯葡萄汁饮料，该产品选用赤霞珠葡萄和原产龙眼葡萄为原料，合理配料，口感酸甜可口，滋味丰厚。

葡萄醋爽饮料，采用赤霞珠葡萄和龙眼葡萄、水、清徐老陈醋为原料配制而成，酸甜适度，风味独特。

葡萄汁饮料，采用赤霞珠葡萄和龙眼葡萄、水为原料，口感适中，百姓喜爱。

清徐葡萄酒公司饮料产品

清徐葡萄酒公司柔丁香酒产品

3. 柔丁香葡萄配制酒

采用清徐原产葡萄，加入丁香酿制而成，产品口感滋味得到市场认可，醇香适中，口感别致。

4. 白酒系列

白酒采用地缸发酵，使用与汾酒集团联营的清香酿造工艺，马峪王酒是清徐的名酒，现有"马峪""晋之源"两个系列，9个产品，增加了酒液的贮藏时间，酒味更加醇厚。

清徐葡萄酒公司白酒产品

葡萄和葡萄酒历史文化藏品是企业的灵魂，公司的系列产品是企业的躯体，文化和产品两者相互带动，相互促进，使公司稳步前进，走向辉煌。

清徐葡萄酒公司部分奖证 清徐葡萄文化博物馆藏

清徐葡萄酒公司部分获奖荣誉 清徐葡萄文化博物馆藏

三十五、中国酿造——炼白葡萄酒

非物质文化遗产炼白葡萄酒酿造技艺代表了中国传统葡萄酿造技法。2024 年 1 月 27 日，中央电视台综合频道中国酿造专题《吾香自芳华》中将清徐古老的炼白葡萄酒酿制方法向全球作了展示介绍，其内容是（节选）：

在今天的格鲁吉亚和意大利（葡萄熬煮法—格鲁吉亚）（葡萄熬煮法—意大利）都还留存有类似的传统技法。

（葡萄熬煮法—山西）在中国的内地，也仍然有相似的遗存。

山西太原清徐县的葡萄也进入了收获季。

和新疆不同的是很多人并不知道。

在历史上，山西曾经是中国重要的葡萄产区。

白居易曾在自己的诗句"羌管吹杨柳 燕姬酌葡萄"中自注"葡萄酒出太原"。在各类史籍中也有很多山西向皇室进贡葡萄酒的记录。

今天清徐仍然延续着古老的酿酒传统，被称为"炼白"的酿造方式。

新鲜葡萄简单冲洗、去梗、带皮榨成汁，再把葡萄汁过滤。

装入陶罐（罷锅）中熬煮，十几个小时的熬煮。

让水充分蒸发，留下浓缩的糖分。

最后放到阴凉避光的地方，等待它自然发酵。

这种酿造方式和3500公里外的慕萨莱思居然有着惊人的一致性。

这背后隐藏的可能正是葡萄酒沿着丝绸之路传入中原的过程。

在历史上比唐代白居易讲述太原葡萄酒的诗更早的是三国时期魏文帝曹丕诏群臣说葡萄云："醉酒宿醒，淹露而食。甘而不饴，酸而不酢。冷而不寒，味长汁多。除烦解渴，他方之果，宁有匹之者。今太原尚作此酒，或寄至都下，酒作葡萄香。"[1]

据史料记载，唐代清徐葡萄酒和酿造技术已上升到一定的高度，以熬煮凝缩提高葡萄酒的营养成分，并载入册。《唐本草》注："蘡薁与葡萄相似，然蘡薁是千岁果。葡萄作酒法，总收取子汁煮之自成酒。蘡薁山葡萄并堪为酒。"[2]《唐本草》是公元659年苏敬等编写的我国最早的一部也是世界上最早的一部由国家颁布的具有国家药典性质的本草。

熬煮葡萄汁制酒方法，在清徐当地一直沿用，到明清时这一技术由熬煮升为精炼，直到现在分为炼白葡萄酒和炼红葡萄酒，这也是中国酿造最早的具有地域特色的葡萄酒。

我们要保护和传承炼白葡萄酒这一传统技艺和民族品牌，让这一传统葡萄酒发挥应有的作用，带动地方经济，提高葡农收益，为社会做贡献。

---

①吴其濬：《植物名实图考长编》，中华书局，2018年，815页。
②吴其濬：《植物名实图考长编》，中华书局，2018年，814页。

三十六、系统性保护清徐葡萄文化遗产

清徐葡萄文化遗产是一项综合性的文化遗产，其包括农业遗产、工业遗产、水利遗产、非物质文化遗产、葡乡景观文化遗产，把这五类遗产集中在一个项目上保护，要全面系统做出规划，避免相互重叠，区域难分，做到统筹保护发展。

系统性保护清徐葡萄文化遗产，并将其深化与延展，有助于促进清徐葡萄历史文化，有助于推动清徐龙眼葡萄的保护，有助于保护西边山生态环境，使葡萄产业链全面升级，同时也可促进其包容性发展。①

晋中学院晋中文化生态研究中心钱永平教授在《可持续发展理念下的清徐葡萄综合文化遗产的整体保护》中指出："清徐县位于山西省中部晋中盆地，隶属太原，该县既是山西老陈醋的主要产地，也是我国四大葡萄名产地之一，全县种植葡萄 5 万多亩，160 多个品种，有树龄较长的葡萄树王，有百里葡萄沟、万亩葡萄园和旅游景点葡峰山庄等，拥有清徐葡萄原产地证明，依托清徐特殊的土壤和小气候，当地农民世世代代种植葡萄，掌握了一套传统的葡萄栽种、葡萄酒酿酒技艺、水灌溉传统管理经验，这些要素与葡萄农田村落等一起成了丰富多彩的自然与人文景观，同时具有农业遗产、文化景观和非遗三类遗产

清徐葡萄酒酿制技艺传承中心 清徐葡萄文化博物馆藏

---

① 宋俊华：《中国非物质文化遗产保护发展报告》，社会科学文献出版社，2021 年，267 页。

大棚架龙眼葡萄集中施肥、集中浇水
王计平摄

的特征，属综合性遗产，在推动清徐本地包容性发展、环境可持续发展和包容性经济发展方面发挥了重要作用，是地方发展特色农业、休闲农业和全域旅游的重要资源。"

清徐葡萄产区的优势是历史悠久，清徐从仰韶文化时期就留有葡萄和葡萄酒的痕迹，已有约七千年的历史。整个西边山产区葡萄种植的特点是占地面积小，覆盖面积大，能绿化大面积的山体环境，再一个特点是清徐葡萄产区是全国种植历史长、文字记载多的一个产区，能充分利用原产龙眼葡萄的长条大棚架的特性，有利于施肥浇水，节约资源，保护好这一历史农业文化遗产有重要的意义。

清徐葡萄古老产区的原产龙眼葡萄、黑鸡心葡萄、瓶儿葡萄、驴奶葡萄是主要品种，其它鲜食葡萄次之。由于时代进步变化的原因，导致现在这些古老品种留存不多，且逐步减少。其中只有龙眼葡萄还在大面积种植，黑鸡心葡萄种植已为数不多，其他两个品种基本没有了。

原产龙眼葡萄主要产区在清徐西边山的前山上，随着采煤

杏旺村葡萄荒地 王计平摄

葡峰山庄葡萄荒地 王计平摄

黄土坡葡萄荒地 王计平摄

石窖葡萄荒地 王计平摄

沉陷区的搬迁，山区的葡农搬到城镇居住，种植管理葡萄时再返回数里地外的老村旧地，路程远，吃住很不方便，大棚架的龙眼葡萄费工费时，现在种葡萄的全部是五六十岁以上的老人，来回车辆行走都是问题。龙眼葡萄本身既能鲜食又能酿酒，是优良品种，但不是最畅销的品种，导致价格卖不上去，没有青年人愿意种龙眼葡萄，使原产龙眼葡萄种植面积逐步缩小，在龙眼葡萄产区，可看到一片片没有人耕种的葡萄园。我们只有加强农产品加工，生产炼白葡萄酒，增加产品附加值，才能提高龙眼葡萄的价值，才能使古老产区的龙眼葡萄得到保护传承，这也是保护龙眼葡萄的唯一出路，否则再过若干年，龙眼葡萄可能就无人种植了。

　　清徐炼白葡萄酒原料必须是清徐当地种植的龙眼葡萄，炼白葡萄酒生产规模逐步扩大，收购葡农的龙眼葡萄也年年增加，要保护好日益减少的龙眼葡萄种植面积，使其不再荒芜，力争使全产区龙眼葡萄恢复生产。

　　目前政府为了整个产区的龙眼葡萄销售和葡农出入方便，大小村庄修通水泥路，通往葡萄地的山间小路变得通畅，三轮车能通到葡萄地边，用

人担挑的地块现在很少，给原产葡萄产区的保护提供了交通便利，这对清徐葡萄农业遗产保护起到很好的作用。

　　政府为保护原产区的葡萄，统一更换葡萄架杆，架葡萄防护网，防止葡萄因冰雹与自然灾害带来减产，政府想办法提高葡农种葡萄的积极性，保护葡萄的种植传承和葡农的经济收入，统一把全区的葡萄加入葡萄保险，让葡农把因自然灾害的经济损失降到最低。

仁义村葡萄地保护 王计平摄

有利于保护清徐西边山生态环境

清徐西边山上的龙眼葡萄的根系是利用山坡地上的沙土种植，枝条搭在石头山的山坡上，根系占地面积小，有利于集中施肥，集中浇水，枝条搭在山坡山沟上，覆盖面积大，使石头山绿化，形成自然生态环境。

葡峰山庄葡萄园　武学忠摄

龙眼葡萄根系与山上的土壤深深盘在一起，有助于防止水土流失，改善土壤结构，前山上的大面积龙眼葡萄具有水土保护、防汛固土、保护生态动能，保护地方自然环境，美化自然景观的作用。

白石沟葡萄园　武学忠摄

有利于包容性发展社会经济

清徐葡萄综合文化遗产包括：清徐葡萄农业文化遗产、山西省益华炼白葡萄酒生产的工业遗产、清徐西边山水利遗产、炼白葡萄酒非物质文化遗产、葡乡民俗景观文化遗产五个部分，保护好这五项遗产是清徐整个区域的事情，仅凭单一层面是完不成的，要动员全体公民提高认识，全系统保护清徐葡萄综合文化遗产。要充分发挥政府的职能和社会积极性，做好整个产区葡萄系统性文化遗产的保护工作，使清徐葡萄在保护的同时增加经济收入。

西北农大葡萄酒学院研学　王计平摄

晋中学院研学　王计平摄

太原工业学院社会实践基地挂牌　王计平摄

仁义小学研学　王计平摄

南城实验小学研学　王计平摄

　　文化是旅游研学的灵魂，利用清徐葡萄文化这一文化资源，通过旅游、研学传承清徐葡萄文化。旅游能带动一产、二产、三产融合发展，要将清徐葡萄农业旅游、葡萄酒工业旅游和清徐葡萄文化博物馆的文化资源相结合，打造清徐葡萄文化特色旅游，从而达到提高农民收入和实现乡村振兴的目的。

　　清徐葡萄文化的保护与传承，应将清徐葡萄酒产业建设作为引领产业，立足资源和产业优势，使一产、二产、三产融合发展。清徐炼白葡萄酒是清徐龙眼葡萄提质增效、保护传承的最好出路，应做好市场拓展，创建品牌，把清徐炼白葡萄酒发展成中国特优土特产品，利用炼白葡萄酒特优产品带动葡农增收致富。同时也应打造清徐葡萄全产业链和景观农业、休闲观光、采摘农业示范基地，传承保护好清徐葡萄这一特色品牌。

山西省清徐葡萄酒有限公司收购龙眼葡萄　武学忠摄

　　通过清徐葡萄产业延伸，利用电商销售，长途物流，建大型冷库仓储，延伸销售渠道，要将清徐葡萄产业建设成引领产业链中全面发展的新型生态，提倡葡农不离本土，不离本乡，增加自身收入，转变生计观。要立足资源和产业优势，推动产业高效，产品安全，全面发展，力争蹚出一条具有清徐葡萄区域优势、产业特色、产品特点和农民增收的新路子，从而达到系统性保护清徐葡萄文化的目的。

　　清徐龙眼葡萄是酿制炼白葡萄酒的唯一原料，非物质文化遗产炼白葡萄酒酿造技艺恢复传承以来，产品进入市场刚刚得到认可，在市场上的占有率不高，销售量较少。目前龙眼葡萄用于酿酒的数量有限，收购价格也较低，龙眼葡萄种植面积得不到保护，导致很多葡农弃农务工。

清徐葡萄酒公司非遗技艺酿造的炼白葡萄酒

清徐葡萄的加工酿酒、熏制葡萄干已是省级非物质文化遗产，得到政府的保护支持，炼白葡萄酒被市场逐步认可，炼白葡萄酒的工艺独特，口感独特，是世界独具一格的葡萄酒，生产技艺从唐朝一直沿传至今，并得到国内外专家的一致认可。2019年荣获国际葡萄酒（中国）大奖赛金奖。

清徐熏葡萄干从唐朝就有记载，一直生产，直到现在虽然产品不多，但技艺传承没有中断。

这两个非遗技艺对清徐原产葡萄的保护、葡萄产品的延伸发挥着一定的作用。

清徐葡萄、葡萄酒属于地方土特产，做好土特产品这一文章对清徐葡萄产业的振兴，加快实现种葡萄致富，促进葡乡发展，有一定的推动作用。

习近平总书记指出："做好'土特产'文章，依托农业农村特色资源，向开发农业多种功能、挖掘乡村多元价值要效益，向一二三产业融合发展要效益，强龙头、补链条、兴业态、树品牌，推动乡村产业全链条升级，增强市场竞争力和可持续发展能力。"这为清徐县醋都葡乡特色产业提质增效及乡村建设指明了方向，清徐葡萄、葡萄酒要立足本土，利用有利的葡萄历史文化资源和独特的清徐炼白葡萄酒产品两大后盾，开发农业观光、生态旅游、研学多种功能，发挥好三产融合发展，达到更大的效益。

打好土特产品品牌，要突出炼白葡萄酒特色，精准制定葡萄酒产业的发展路子，做好差异化发展，靠炼白葡萄酒特色品牌提高清徐葡萄附加值，将清徐炼白葡萄酒产业链打造得更完整，业态更丰富，让葡农从全产业链中得到更多的收益。

清徐葡萄花篮公园　武学忠摄

2009 年中国清徐葡萄采摘月　武学忠摄

题词与感言

赏光迷眼醉

品味惹涎垂

赞清徐葡萄酒　武正国

武正国，山西省委原办公厅秘书、副主任、主任，省委常委秘书长、省人大常委会副主任、中华诗词学会副会长、山西诗词学会会长。

李淳，山西省委原常务副秘书长、政研室原主任、北京大学客座教授、中央党校特邀教授。

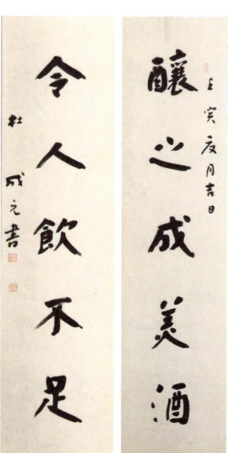

杜成元，中国水利文联、水利书协理事，中国老年书画研究会会员，中国楹联协会书法艺术委员会委员，山西老年书画家协会常务副主席，太原企业家联合会书画院长。

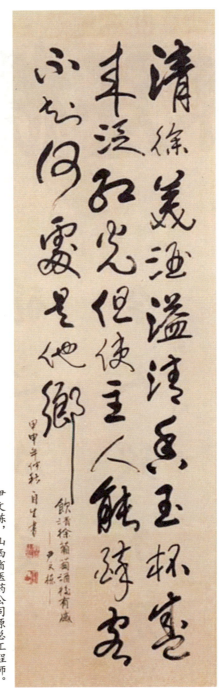

清徐羡酒溢清真玉杯寒

丰泛红光但使主人能醉客

不知何处是他乡

甲申年仲秋 月生书

饮清徐葡萄酒秋有感

尹文栋

尹文栋，山西省医药公司原总工程师。

葡韵飘香

张云平，解放军八一书画文化研究院院士，广誉远山西分公司支部书记。

清徐葡萄诗

清徐葡萄文化博物馆馆长　王计平

（一）

梗阳遗址葡萄园，

煮艺传承斝觞间。

龙眼万年清源著，

炼白行同帝王前。

（二）

龙眼归诗酒田园，

炼白非功名禄利。

留葡萄文化根脉，

托华夏民族未来。

（三）

真诚妙绘葡萄卷，

厚德悟酿醸锦天。

非图荣华且名利，

但愿炼酒暖人间。

葽葜煮汁有遗篇，

龙眼熬制愈醇甜。

千年葡史吾辈著，

传承酒艺根脉连。

清徐葡萄歌

清徐葡萄文化博物馆馆长　王计平

清源的水来清源的城，清源的葡萄甜盈盈。

清清的泉水，蓝蓝的天，甜盈盈的葡萄漫山间，漫山间。

唐朝的诗来宋朝的词，清源的葡萄诗中多。

千年的工来百年的艺，炼成的葡萄酒贡皇帝，贡皇帝。

蓇葖是根来龙眼是脉，清源的葡萄传万代。

白石的沟来马峪的山，满山的葡萄采不完，采不完。

后 记

为了探索总结中国清徐葡萄的发展历史，弘扬中国葡萄、葡萄酒种植及生产的文化传承，守护中华民族文化瑰宝，作者历经两年，查阅了大量有关葡萄、葡萄酒方面的书籍，并结合清徐葡萄文化博物馆的实物资料，将清徐葡萄发展历史展现在读者面前。

本书以全国唯一的葡萄文化博物馆——清徐葡萄文化博物馆馆藏资料为基础，依托记载清徐产区葡萄种植、加工的考古文献，结合历代帝王、文人墨客的撰文诗词，阐明了清徐葡萄从远古沿传至今的生物密码，世代贡献，传承根脉。同时阐明从仰韶文化时期，清徐葡萄就融入着葡农们奋斗的血液，酝酿着葡萄酒的酸甜苦涩，传播着华夏文化的文明根脉。

这是我国第一部全面总结一个产区葡萄种植、葡萄酒酿制的历史文化专著，不言而喻，责任重大。作为一名一生专注于葡萄酒酿造的工作者，一如既往，责无旁贷，倾尽全力，完成此作。但又担心自己学识浅薄难以胜任，还好在编写过程中得到了同仁的大力支持与帮助，在此表示衷心感谢。作者文化水平有限，书中如有不妥请指正，这是作者的期望。

参考文献

[1] 涅格鲁里 . 葡萄栽培学 [M]. 北京：中国财政经济出版社，1957.

[2] 孔庆山 . 中国葡萄志 [M]. 北京：中国科学技术出版社，2004.

[3] 贺普超 . 中国葡萄属野生资源 [M]. 北京：中国农业出版社，2012.

[4] 吴其濬 . 植物名实图考长编 [M]. 北京：中华书局，2018.

[5] 林裕森著 . 葡萄酒全书 [M]. 北京：中信出版社，2010.

[6] 车建华，张强 . 清徐新发现 . 清徐县委 . 清徐县人民政府，2011.

[7] 常一民著 . 先秦太原研究 [M]. 太原：三晋出版社，2019.

[8] 石金鸣 . 三晋考古 [M]. 太原：山西人民出版社 2006.

[9] 山西庞泉沟国家级自然保护区主编 . 山西庞泉沟国家级自然保护区 [M]. 北京：中国林业出版社，1999.

[10] 赵以武 . 毛泽东评说中国历史 [M]. 北京：人民出版社，2010.

[11]（西周）周公旦著，张茹芸主编 . 周礼 [M]. 桂林：漓江出版社，2022.

[12] 古典名著普及文库 . 左传 [M]. 长沙：岳麓书社出版发行，1988.

[13] 崔致学，刘敦娴，胡洁苹，等 . 山西清徐县的葡萄 [M]. 北京： 科学出版，1957.

[14] 山西省地方志编纂委员会编 . 山西通志 [M]. 北京：中华书局，1994.

[15] 陕西省果树研究所，中国农村科学院果树试验站编著 . 葡萄品种 [M]. 北京：农业出版社，1977.

[16] 王计平，王源，罗德海 . 葡根酒脉 [M]. 太原：山西经济出版社，2021.

[17]《太原历史文献》编委会编 . 太原历史文献《二十四史全译》辑本 [M]. 北京：商务印书馆，2011.

[18] 班固 . 汉书 [M]. 北京：中华书局，2007.

[19]（北宋）司马光著 . 资治通鉴 [M]. 北京：线装书局，2011.

[20] 关廷访 . 太原府志 [M]. 太原：山西人民出版社，1991.

[21] 安捷 . 太原古县志集全 [M]. 太原：三晋出版社，2012.

[22] 胡平生，张德芳 . 敦煌悬泉汉简释粹 [M]. 上海：上海古籍出版社，2001.

[23]李中，郭维忠．龙林山志[M]．太原：三晋出版社，2011.

[24]王溥．唐会要[M]．北京：中华书局，1960.

[25]刘昫．旧唐书[M]．北京：中华书局，1975.

[26]石声汉，译注．齐民要术[M]．石定枎，谭光万，补注．北京：中华书局，2015.

[27]卡斯特，苏岚岚．葡园四季：葡萄酒的前世今生[M]．北京：中信出版社，2012.

[28]冯晋生．清徐揽胜[M]．太原：山西人民出版社，2004.

[29]郭会生．清徐葡萄[M]．北京：中国文联出版社，2010.

[30]马可波罗著，冯承钧译．马可波罗行记[M]．南京：江苏文艺出版社，2008.

[31]李时珍．本草纲目[M]．哈尔滨：黑龙江科学技术出版社，2011.

[32]王钦若等编．册府元龟[M]．北京：中华书局，1960.

[33]刘泽民．山西通史大事编年[M]．太原：山西古籍出版社，1997.

[34]晋中市榆次区史志研究室整理，卢海亮主编．（民国）榆次县志[M]．太原：三晋出版社，2017.

[35]王律．开国记忆[M]．北京：中央文献出版社，2009.

[36]北京二锅头酒博物馆．王秋芳传[M]．北京：知识产权出版社，2018.

[37]孟昭瑞著．共和国震撼瞬间[M]．北京：人民文学出版社，2016.

[38]宋俊华．中国非物质文化遗产保护发展报告（2020）[M]．北京：社会科学文献出版社，2021.

[39]司马迁著，肖枫主编．史记[M]．哈尔滨：北方文艺出版社，2015.

[40]Prof. Dr. Peter Kupfer(retired). Bernsteinglanz und Periendes Schwarzen Drachen -Geschichte der chinesischen Weinkultur [M]. OSTASIEN Verlag, 96269 Gro β heirath-Gossenberg, Germany, 2019.

[41]罗斌．中华上下五千年[M]．长春：吉林出版集团有限责任公司，2014.

[42]宋庆峰．中国通史[M]．沈阳：辽海出版社 2016.

[43]高萍绘，钱伯泉撰文．常惠[M]．乌鲁木齐：新疆人民出版社，2006.

[44]唐文龙，阮仕立，孔令红．中国葡萄酒文化[M]．北京：中国轻工业出版社，2012.

[45] 郝树侯. 太原史话 [M]. 太原：山西人民出版社，1961.

[46] 李华，王华，袁春龙，等. 葡萄酒工艺学 [M]. 北京：科学出版社， 2007.

[47] 朱梅，李文庵，郭其昌. 葡萄酒工艺学 [M]. 张家口：轻工业出版社，1965.

[48] 刘凤之，段长青. 葡萄生产配套技术手册 [M]. 北京：中国农业出版社，2012.

[49] 沐之. 神农本草经 [M]. 北京：北京联合出版公司，2015.

[50] 衡翼汤. 山西轻工业志 [M]. 北京：中国轻工业出版社，1991.

[51] 王晓毅，乔文杰. 岁月遗珠 [M]. 太原：山西人民出版社，2006.

[52] 宋建忠. 龙现中国 [M]. 太原：山西人民出版社，2006.

[53] 大连轻工业学院，无锡轻工业学院，天津轻工业学院编著. 酿造酒工艺学 [M]. 北京：中国轻工业出版社，1982.

[54] 首届国际葡萄酒（中国）大奖赛获奖榜单揭晓 [N]. 华夏酒报，2019-08-27.

[55] 郭会生，王计平编著. 清徐炼白葡萄酒 [M]. 太原：北岳文艺出版社，2015.

[56] 何清湖. 新修本草 [M]. 太原：山西科学技术出版社，2012.

[57] 山西省地方志办公室编. 民国山西实业志 [M]. 太原：山西人民出版社，2012.

[58] 欧阳寿如. 葡萄栽培 [M]. 兰州：甘肃人民出版社，1981.

[59] 贺普超. 葡萄学 [M]. 北京：中国农业出版社，1999.

[60] 中国科学院中国植物志编辑委员会. 中国植物志 [M]. 北京：科学出版社，1998.

[61] 蓝万里. 中美考古学家对河南贾湖遗址联合研究发现我国 9000 年前已开始酿制米酒 [J]，中国文物报，2004.

[62] 赵志军，张居中. 贾湖遗址 2001 年度浮选结果分析报告，考古 2009 年第 8 期

[63] [清] 徐大椿原著，程国强主编. 神农本草 [M]. 呼和浩特：内蒙古人民出版社，2010

图书在版编目（CIP）数据

中国清徐葡萄文化史 / 王计平，王源主编. -- 太原 ：

山西人民出版社，2025．1．-- ISBN 978-7-203-13731

-3

Ⅰ．S663.1

中国国家版本馆CIP数据核字第2024CT5367号

中国清徐葡萄文化史

主　　编：王计平　王　源
责任编辑：贾　娟
复　　审：李　鑫
终　　审：梁晋华
装帧设计：陈泽锋　赵志慧

出　版　者：山西出版传媒集团·山西人民出版社
地　　　址：太原市建设南路 21 号
邮　　　编：030012
发行营销：0351 - 4922220　4955996　4956039　4922127（传真）
天猫官网：https://sxrmcbs.tmall.com　电话：0351 - 4922159
E - mail：sxskcb@163.com　发行部
　　　　　　sxskcb@126.com　总编室
网　　　址：www.sxskcb.com

经 销 者：山西出版传媒集团·山西人民出版社
承 印 厂：山西金艺印刷有限公司

开　　　本：720mm×1020mm　　1/16
印　　　张：16.75
字　　　数：250 千字
版　　　次：2025 年 1 月　第 1 版
印　　　次：2025 年 1 月　第 1 次印刷
书　　　号：ISBN 978-7-203-13731-3
定　　　价：98.00 元

如有印装质量问题请与本社联系调换